智慧矿山
安全创造财富

齐尚龙 ◎ 著

中国商业出版社

图书在版编目（CIP）数据

智慧矿山：安全创造财富 / 齐尚龙著. -- 北京：中国商业出版社，2024. 8. -- ISBN 978-7-5208-3007-2

Ⅰ. TD67

中国国家版本馆 CIP 数据核字第 2024T9B462 号

责任编辑：杨善红
策划编辑：刘万庆

中国商业出版社出版发行
（www.zgsycb.com 100053 北京广安门内报国寺 1 号）
总编室：010-63180647　　编辑室：010-83118925
发行部：010-83120835/8286
新华书店经销
香河县宏润印刷有限公司印刷

*

710 毫米 ×1000 毫米　16 开　15 印张　190 千字
2024 年 8 月第 1 版　2024 年 8 月第 1 次印刷
定价：68.00 元

****

（如有印装质量问题可更换）

前 言

自古至今，矿山都是一个充满了艰辛、危险和高成本的行业。近些年，"高龄化""用工难"和"用工成本高"等问题已经成为采矿业所面临的棘手问题。然而，智慧矿山的出现为解决这些问题提供了前所未有的机遇。智慧矿山以数字化和信息化为基础，通过主动感知、自动分析和快速处理，对矿山生产、职业健康与安全、技术支持与后勤保障等方面进行全面的管理和监控。物联网、大数据等创新技术的应用使得智慧矿山成为一个综合性的智能化管控平台，逐步将煤炭行业从传统的人—工具、人—机方式向自动化、智能化、数字化、信息化、绿色化转型，并最终实现无人化，服务于矿山的整体运营。本书的目的是探讨智慧矿山的相关理论、技术和实践，并提供一种指导智慧矿山建设的路径和策略。

本书共分为12章，每一章都从不同的角度探讨智慧矿山的相关议题：数字经济背景下的煤炭行业转型是智慧矿山发展的重要背景；数字化和"两化"融合是智慧矿山建设的核心要素；科技创新驱动是智慧矿山发展的赋能；战略规划和实施路径是智慧矿山建设的指导；安全生产和智能化建设是智慧矿山建设的核心任务；数据治理和智慧决策支持是智慧矿山管理的关键；组织变革和人才培养是智慧矿山建设的重要环节；行业协同和产业链升级是智慧矿山发展的必然趋势；煤炭数字经济产业生态是智慧山发展的重要目标；风险识别和应对策略是智慧矿山安全管理的前提；成功案例和经验分享为智慧矿山建设提供了宝贵的借鉴和参考；安全创造财富和智慧矿山的未来引领是智慧矿山建设的重要使命。总之，智慧矿山为煤炭行业的转型和可持续发展提供了新的机遇和路径。通过数字化、信息化和智能化的手段，智慧矿山可以提高生产效率、保障安全、降低成本、实现绿色生产，并推动技术创新和产业协同发展。政府、企业和研究机构应加强合作，共同推进智慧矿山的建设和应用，实现煤炭行业的可持续发展。这些章节旨在为读者提供关于智慧矿山的全面概述，帮助他们了解智慧矿山建设的理论和实践，并推动矿山行业的安全、高效和可持续发展。

希望通过本书的分享，能够帮助读者更好地了解智慧矿山在煤炭行业转型中的重要作用，以及如何利用数字化和信息化技术来提高生产效率、降低成本、提升安全性和可持续性。本书将为读者提供智慧矿山建设的理论基础、实践经验和成功案例，帮助读者深入了解智慧矿山的全貌，并为读者在智慧矿山建设中提供指导和支持。

目录

第01章
数字经济背景下的煤炭行业转型宏观分析

国家战略视角下数字经济推动煤炭行业向智慧矿山转变 / 2

我国煤炭行业发展现状及智慧矿山建设的重要性 / 4

顺应数字化转型大趋势，我国煤炭行业正走向智慧矿山之路 / 7

新质生产力驱动煤炭行业变革，推进企业数字化转型进程 / 9

我国煤炭行业生产建设中信息化技术和数字化创新现状及趋势 / 13

第02章
智慧矿山视域下的数字化与"两化"融合

智慧矿山与信息化、数字化、数据化、智能化 / 18

智慧矿山视角中数字化转型的内涵与外延 / 22

"两化"融合在智慧矿山建设中的发展路径探索 / 25

信息化与工业化在智慧矿山建设中的深度融合 / 29

数字化技术重塑智慧矿山企业的生产模式与管理流程 / 36

第03章
科技创新驱动智慧矿山形成新质生产力

科技创新在构建智慧矿山安全体系中的核心作用 / 44

从科技创新到新质生产力：智慧矿山安全发展的内在逻辑 / 49

创新主导与产业升级：智慧矿山安全发展的新方向 / 51

激发需求升级，示范带动传统煤矿产业向智慧矿山转型升级 / 54

加快形成新质生产力是矿山实体企业创新发展的具体指向 / 58

第04章
智慧矿山企业数字化转型的战略规划与实施路径

智慧矿山企业的数字化转型顶层设计 / 66

智慧矿山企业建设的组织结构优化与资金投入策略 / 69

智慧矿山项目中的数字化基础设施建设和数据治理体系 / 71

智能化建设与数字化整体协同转型——智慧矿山落地实践 / 74

智慧矿山企业的网络信息安全防护体系构筑 / 77

第05章
智慧矿山企业的安全生产与智能化建设

智慧矿山企业对提高安全生产水平的关键作用分析 / 84

智能开采技术在矿山企业中的安全保障实践 / 87

煤矿机器人与人工智能技术赋能智慧矿山企业安全生产 / 89

数字孪生、物联网等前沿技术在智慧矿山企业安全体系中的应用探索 / 92

构建与优化全面智慧运营体系，确保智慧矿山企业的安全高效运行 / 94

第06章
数据治理与智慧决策支持在智慧矿山中的运用

数据集成与消除孤岛：智慧矿山企业数据整合策略 / 100

智慧矿山企业数据治理体系架构的建立和完善 / 104

数据驱动的智慧决策支持系统在智慧矿山企业中的开发与实施 / 108

大数据分析助力智慧矿山企业的管理智能化转型及应用 / 114

智慧矿山企业中数据安全与隐私保护面临的挑战及应对措施 / 117

第07章
智慧矿山企业的组织变革与人才培养

智慧矿山企业组织架构的调整与创新设计 / 122

数字文化在智慧矿山企业内部的培育与传播 / 125

依据智慧矿山建设要求构建企业人才能力模型 / 127

智慧矿山背景下企业数字化人才的培养与储备机制建设 / 130

创新激励政策与产学研合作模式推动智慧矿山人才队伍建设 / 134

第08章
智慧矿山企业的行业协同与产业链升级

煤炭产业链智慧化协同的发展趋势与战略价值 / 138

智慧矿山生态下的企业互联网平台搭建与效能提升 / 140

利用前沿技术改造传统煤炭供应链，实现整体智慧化转型 / 142

数字化技术引领绿色低碳智慧矿山建设的发展策略 / 145

跨界融合与共创共享，构建智慧矿山产业新型数字生态 / 148

第09章
煤炭数字经济产业生态与智慧矿山建设深度融合

数字经济驱动煤炭行业向智慧矿山转型升级的市场潜力 / 154

煤炭企业在智慧矿山背景下的信息技术产业布局与发展规划 / 157

煤炭行业信息技术公司在智慧矿山建设中的实力跃升与市场竞争策略 / 160

探索煤炭数字经济产业成长新路径与智慧矿山企业创新模式 / 163

"十四五"规划指导下的煤炭行业数字化转型与智慧矿山协同发展蓝图 / 165

第10章
智慧矿山企业转型过程中的风险识别与应对策略

企业数字化转型进程中智慧矿山项目可能遭遇的风险 / 170

在智慧矿山建设中企业重大战略方向调整带来的风险 / 174

智慧矿山建设要求企业数字化转型过程中的人才保障风险 / 176

万物互联给智慧矿山企业信息安全带来的巨大挑战 / 178

智慧矿山建设过程中企业应采取的全方位避险与应对策略 / 180

第11章
智慧矿山建设的成功案例与经验借鉴

龙煤集团鸡西矿业公司智慧矿山助老煤炭企业迸发新动能 / 188

新疆通过"5G+工业互联网"开启智慧矿山建设之旅 / 191

江西德兴铜矿携手华为,通过顶层规划打造未来智能矿山 / 193

安徽铜冠(庐江)矿业通过智能化建设助力高质量发展 / 195

徐工集团应用无人驾驶技术提高矿山开发水平,促进矿山智能化转型 / 198

第12章
安全创造财富，智慧引领未来

智慧矿山的未来发展策略与挑战应对 / 202

智慧矿山安全保障体系的前瞻性构建 / 204

绿色低碳理念下的智慧矿山发展趋势 / 208

数字化转型助力煤炭企业高质量发展 / 212

新一代信息技术赋能未来智慧矿山安全运营 / 221

智慧矿山的安全教育与培训体系创新 / 224

法规政策与标准制定在智慧矿山安全中的引导作用 / 227

后　记 / 229

参考资料 / 230

第01章
数字经济背景下的煤炭行业转型宏观分析

在数字经济背景下,煤炭行业正逐步向智慧矿山转型升级,国家战略和高质量发展正在共同推动这一过程。数字化转型成为大势所趋,新质生产力驱动行业变革,煤炭企业纷纷加快数字化转型进程;同时,新一代信息技术及数字化创新也在煤炭行业建设中不断应用和发展,展现出新的未来趋势和前景。

国家战略视角下数字经济推动煤炭行业向智慧矿山转变

数字经济上升至国家战略，数字化转型正在驱动生产方式、生活方式和治理方式发生深刻变革。如今，数字经济已成为我国经济发展的重要引擎，并加速与实体经济的融合。这场数字化革命不仅构建了新的经济生态系统，提升了经济规模和水平，还赋能传统产业，推动其转型升级。煤炭行业属于传统工业领域，其数字基础薄弱，面临着巨大的数字转型和智能发展挑战。数字经济正是通过引入新一代信息技术、推动数字化转型和产业升级、加强数字化治理和监管以及推动商业模式创新等方式，推动了煤炭行业向智慧矿山转变。这种转变不仅可以提高生产效率和安全性，还可以降低生产成本和资源消耗，实现煤炭行业的绿色发展和可持续发展。

赋能煤炭行业，实现智能化与高效生产

在数字经济的浪潮下，煤炭行业正经历着一场深刻的变革。煤炭企业通过引入大数据、云计算、物联网等前沿技术，煤炭生产过程可以逐步实现数字化和智能化。这些先进技术不仅能够实时监控矿山设备的运行状态和生产环境的安全状况，还能精准掌握煤炭资源的分布与储量，为煤炭企业制定科学、高效的生产决策提供有力支撑。此外，智能化设备的广泛应用进一步推动了生产过程的自动化和无人化，极大地提升了煤炭企业生产的效率和安全性。由此可见，在数字经济的赋能下，煤炭行业正朝着更加智能、高效的方向迈进。

引领煤炭行业转型与升级，促进绿色发展

数字经济在推动煤炭行业转型与升级方面发挥了至关重要的作用。在这一进程中，煤炭企业积极引进新技术、新设备和新工艺，不断推动生产流程的优化和重构。这些变革不仅显著提高了生产效率和产品质量，还大幅度降低了生产成本和资源消耗。通过这种转型与升级，煤炭企业可逐步实现绿色发展和可持续发展，为未来的能源产业注入新的活力与机遇。不难看出，数字经济的引领，使得煤炭行业焕发出新的生机与活力。

强化煤炭行业数字化治理与监管，保障安全与发展

数字经济在煤炭行业的深入应用，极大地推动了行业的数字化治理和监管水平。通过建立数字化监管平台，政府部门和相关机构能够实时获取矿山企业的建设和生产情况、安全状况以及环境影响等关键信息。这不仅使监管更加精准和高效，还极大地提高了对潜在风险的预警和应对能力。在数字技术的助力下，煤炭行业及企业的监管模式正在向更加科学、透明和高效的方向发展，有力保障了生产安全、环境质量和行业的健康发展。

驱动煤炭行业数字化转型与商业模式创新

随着数字经济的蓬勃发展，煤炭行业正经历着深刻的数字化转型和商业模式创新。为了适应市场需求和行业变化，煤炭企业应积极探索新的商业模式和盈利方式。通过构建工业互联网平台，实现设备与数据的互联互通，优化生产流程，提高运营效率。同时，智慧物流的应用使得煤炭运输更加高效便捷，降低物流成本。此外，智能制造技术的引入推动了生产设备的智能化升级，提升了产品质量和竞争力。这些创新举措不仅拓展了

煤炭企业的业务范围和收入来源，也为煤炭行业的可持续发展注入了新的活力。

我国煤炭行业发展现状及智慧矿山建设的重要性

随着现代科技的飞速发展，智慧矿山已经从概念走向现实，成为煤炭领域追求的新目标。智慧矿山不仅代表了煤炭和矿业技术的革新，更是煤炭产业转型升级、应对市场挑战、实现可持续发展的关键所在。

我国煤炭行业发展现状

我国是煤炭储量与产量均居世界前列的国家，煤炭行业一直是我国能源领域的核心支柱。那么，我国煤炭行业发展现状究竟如何？可以从以下几个方面进行分析。

一是煤炭储量与产量。我国的煤炭资源丰富，居世界第一，这为我国煤炭行业的发展奠定了坚实的基础。每年的煤炭产量也稳居世界前列，这为我国经济发展提供了坚实的能源支撑。这种储量和产量的双重优势，使得我国在全球煤炭市场中占据举足轻重的地位。

二是消费与进出口。我国不仅是煤炭生产大国，更是煤炭消费大国。每年巨大的煤炭消费量反映了我国工业化和城市化的快速发展。同时，我国也是煤炭进出口的主要国家，这种双重身份使得我国在全球煤炭贸易中扮演着重要角色。

三是技术与装备。随着改革开放的深入，我国煤炭行业经历了从人工和半机械化到自动化和智能化的转型。这一过程中，技术进步和装备升级成为推动行业发展的关键力量。煤炭行业的技术水平不断提高，生产效率也得到了显著提高。

四是环保与安全。虽然煤炭为我国经济发展作出了巨大贡献，但其产生的环境污染和温室气体排放问题也不容忽视。近年来，随着环保意识的提升，清洁煤技术和新能源的开发应用成为行业发展的新趋势。如何在保证经济发展的同时，实现煤炭行业的绿色发展，是我国煤炭行业面临的重要课题。

五是能源结构与政策。为了应对全球能源格局的变化和我国能源结构的调整，我国政府提出了一系列能源发展战略和政策，此外还实行了一些相关政策，如大气污染防治行动计划。这些战略和政策旨在推动能源消费革命、能源供给革命、能源技术革命和能源体制革命，以实现能源结构的优化和可持续发展。

总的来说，当前我国煤炭行业面临着新的发展机遇。未来，我国将继续加大对清洁煤技术的研发和应用，推动新能源的发展和应用，以及优化能源结构，以实现煤炭行业的良性循环，为经济的可持续发展做出更大的贡献。

智慧矿山建设的重要性

智慧矿山建设对于提升我国煤炭行业的生产效率、安全保障以及可持续发展能力具有至关重要的作用，是推动煤炭行业现代化转型和高质量发展的关键所在。

智慧矿山以其自动化和智能化的特性，大大提高了生产效率。想象一下，通过先进的传感器和无人机技术，矿山设备能够实时监控工作区域的状态，及时发现问题并作出调整。这种智能化的管理方式，不仅加快了生产速度，更确保了生产过程的稳定性和安全性。

不仅如此，智慧矿山还显著降低了人力成本，提高了工作安全性。在恶劣的矿山环境中，工人们常常面临巨大的安全挑战。而智慧矿山通过引入自动化设备和智能化系统，大大减少了对人力的依赖，从而降低了工人的劳动强度和潜在的安全风险。

在资源利用和环境保护方面，智慧矿山也展现出了其独特的优势。传统的矿山作业方式往往伴随着资源的浪费和环境的破坏。而智慧矿山通过引入先进的信息技术和自动化设备，能够实现对资源的精细管理和高效利用，从而大大减少资源的浪费。同时，通过对矿山环境的实时监测和管理，智慧矿山也为环境保护提供了有力的支持。

更为重要的是，智慧矿山建设不仅仅是技术层面的革新，更是对矿山行业未来发展方向的引领。在全球矿产资源日益枯竭、环境保护意识日益增强的背景下，智慧矿山为矿业行业向数字化、智能化、信息化和绿色化方向转型提供了强有力的支撑。这种转型不仅提高了矿业行业的竞争力，更为其带来了可持续发展的可能性。

总之，智慧矿山建设不仅提升了矿山的生产效率和安全水平，更推动了矿山行业的整体转型升级。通过智慧矿山的建设，煤炭企业可以更加高效地利用资源、降低能耗、减少排放，从而实现绿色、低碳、可持续的发展。同时，智慧矿山的建设也推动了煤炭行业的数字化转型和创新发展，为行业的未来发展奠定了坚实的基础。

顺应数字化转型大趋势，我国煤炭行业正走向智慧矿山之路

随着全球科技的快速发展，数字化转型已成为各行业不可逆转的趋势。在这一背景下，我国煤炭行业作为国家的经济支柱，更应顺应数字化转型大趋势，加快数字化转型步伐，积极拥抱新技术、新模式，推动行业向智慧矿山转变。这不仅可以提高生产效率和安全性，还能促进行业的可持续发展和竞争力提升。

数字化转型助力我国煤炭行业加快智慧矿山建设

数字化转型有助于提升煤炭行业的生产效率与安全性。通过引入大数据、云计算、物联网等先进技术，可以实时监测和管控矿山设备的运行状态、生产环境的安全状况，实现生产流程的自动化和智能化。这不仅能减少人力成本，还能大大降低事故发生的概率，保障矿工的生命安全。

数字化转型有助于推动煤炭行业的可持续发展。传统的煤炭开采方式往往伴随着资源浪费和环境污染等问题。而数字化转型则可以通过精确监测煤炭资源的分布和储量，实现资源的合理利用，减少浪费。同时，通过推广清洁能源和绿色开采技术，还可以降低煤炭生产对环境的负面影响。

数字化转型有助于提升煤炭行业的竞争力。随着全球能源结构的调整和清洁能源的兴起，煤炭行业面临着巨大的市场竞争压力。通过数字化转型，不但可以增加产品科技含量和附加值，企业还可以开发新的商业模式和盈利方式，如工业互联网平台、智慧物流等，拓展业务范围，提升盈利

能力。

智慧矿山建设中煤炭企业数字化转型的路径和方法

数字化转型对于煤炭企业来说，是一个复杂而全面的过程，它不仅仅涉及技术层面的更新换代，更是企业整体战略和组织架构、管理制度、商业模式以及企业文化等深层次的变革。由于煤炭行业本身的特殊性（如高风险作业环境、传统的生产模式、相对封闭的产业链条等），加上转型过程中可能遇到的开采技术条件限制、技术难题、人才短缺、资金投入大、文化抵触等问题，导致推进进程受限。但是，在全球能源结构转型的大背景下，煤炭行业面临零事故和节能减排、安全监管升级、可持续发展等多重挑战，数字化转型能够帮助企业在这些挑战中寻找到新的发展机遇。

数字化转型，一方面证明确实有效，另一方面成功概率目前还相对低，煤炭企业到底要不要数字化转型？这是很多企业的疑问。煤炭企业在转型前，首先要搞清楚，煤炭企业数字化转型转什么？中国煤炭工业协会副会长王虹桥认为，煤炭企业的数字化转型应该是人的转型（思维、能力转型）、信息与数据的转型、战略与文化的转型、业务与运营的转型、组织与体制的转型、产品与服务的转型（包括商业模式）。那么，如何理解王会长的观点？

所谓人的转型，就是改变员工的传统思维模式，培养数字素养与创新能力，适应现代化管理及操作要求。

所谓信息与数据的转型，指的是通过大数据、AI技术、物联网等技术实现煤矿安全生产监测监控、预测性预警和本质安全性保护以及自动维护资源利用效率分析等，将数据转化为企业在安全生产过程中的安全风险预判和管控、安全隐患的消除和避免安全事故的系统性机构和资产。

战略与文化的转型，需要制定以数字化为核心的长期发展战略，塑造、鼓励创新、目标建设的企业文化。

业务与运营的转型，应运用智能装备、自动化采掘、智能调度、生产系统无人值守运行等手段优化生产流程，减少岗位人员，实现智能启动和停车、远程在线操控，提高生产效率和安全性，减少对人力资源的依赖。

组织与体制的转型，应调整组织架构以支持扁平化管理和协同工作，改革管理体制以应对快速变化的市场和技术环境。

产品与服务的转型，必须探索新型商业模式，如能源互联网、循环经济、产品深加工与转化、碳捕获与封存技术应用等，延伸产业链和服务链，推动企业由单一的煤炭生产商向综合能源、高精产品服务商转变。

虽然数字化转型难度大、风险高，但对煤炭企业而言只有积极拥抱并成功实施数字化转型，才能在全球能源转型的浪潮中生存下来，并能实现企业的市场占有率和可持续发展。因此，不应因噎废食，只要针对企业矿井资源的地质条件、地质构造和开采技术条件深度分析和研究论证，结合矿井特点找准切入点，采用前沿技术和前瞻性思维，拓展设计思路和科学规划、精心策划组织，稳步有序实施，逐步推进矿井全系统各环节的数字化改造与创新。

新质生产力驱动煤炭行业变革，推进企业数字化转型进程

2023年7月开始，习近平总书记在四川、黑龙江、浙江、广西等地考察调研时，明确提出要整合科技创新资源，引领发展战略性新兴产业和未来产业，加快形成新质生产力。新质生产力的提出以全新视野深化了党对

生产力发展规律的认识，创新和发展了马克思主义生产力理论。

作为一种当代的先进生产力，新质生产力源于技术革命性突破、生产要素创新性配置以及产业深度转型升级。它是生产力现代化的直接体现，展现了一种新类型、新结构、高技术水平、高质量、高效率且可持续的生产力形态。相较于传统生产力，新质生产力在技术水平、质量、效率和可持续性上均有着显著的优势。新质生产力的提出，不仅为我国产业的未来发展指明了方向，也为全球生产力的现代化进程提供了新的思路和动力。就煤炭行业而言，它是驱动行业变革的一种不可忽视的驱动力量和变革引擎。

深入理解新质生产力及其本质内涵

生产力是指人们用来生产物质资料的那些自然对象与自然力的关系，它表明生产过程中人与自然的关系。作为一种新类型的生产力，新质生产力在新时代具有重要地位和作用，它不仅是党领导下先进生产力的体现，也是经济社会高质量发展的产物，更是引领全球创新性可持续发展的关键要素。其本质内涵体现在以下三个方面：

新质生产力是新时代党领导下先进生产力的具体体现。党的二十大报告强调科技、人才和创新的重要性，并提出实施相关战略，以推动生产力的新发展。这反映出党对科技推动生产力发展的深刻认识。科技创新不断推动生产力进步，形成符合新时代要求的新质生产力，实现了生产力的巨大飞跃。

新质生产力是我国经济社会高质量发展的必然产物。为了实现高质量发展，需要以创新为引领，转变增长模式，创造新产业，培育新动能。高质量发展的要求推动了动力、效率和质量的变革，为新质生产力的形成和发展提供了有力支持。

新质生产力在全球创新性可持续发展中发挥着关键作用。科技创新驱动产业创新，推动产业结构优化升级，促进数字经济与实体经济的深度融合。这有助于打造具有核心竞争力的优势产业集群，构建高质量现代化产业体系，为全球生产力的创新性可持续发展贡献中国智慧。

要深入理解新质生产力的本质内涵，我们需要将其与现有的生产力进行本质上的比较和区分。这种比较不仅可以帮助我们认识到新质生产力的独特之处，还能揭示其与传统生产力之间的根本性变革。新质生产力的本质内涵体现在其与传统生产力在驱动方式、作用方式和表现方式上的根本性变革。这种变革具体体现在以下三个方面：

一是生产力驱动方式的根本性变革。传统生产力的驱动方式往往依赖于物质资源的投入和人力资本的积累。然而，新质生产力的驱动方式发生了根本性的转变。它不再仅仅依赖于传统的物质和人力投入，而是更加注重科技创新和知识资本的积累。新质生产力的驱动方式更加注重技术突破、创新资源的整合以及前沿科技的应用。这种变革使得生产力的发展不再受限于物质资源的有限性，而是通过科技创新和知识资本的无限潜能，实现生产力的持续高效增长。

二是生产力作用方式的根本性变革。传统生产力的作用方式往往是线性的、单一的，主要关注的是生产效率和产量的提升。然而，新质生产力的作用方式则发生了根本性的变革。它不仅关注生产效率和产量的提升，更加注重生产的智能化、个性化和定制化。新质生产力通过引入先进的信息技术、物联网技术和人工智能技术，实现生产过程的自动化、智能化和柔性化。这种变革使得生产力能够更好地满足消费者的多样化需求，实现生产的个性化和定制化，从而大大提升生产的附加值和市场竞争力。

三是生产力表现方式的根本性变革。传统生产力的表现方式往往以物质产出的数量和质量为主要指标。然而，新质生产力的表现方式则发生了根本性的变革。它不仅关注物质产出的数量和质量，更加注重全要素生产率的提升和可持续性的发展。新质生产力通过优化生产要素的配置、提升生产过程的智能化和自动化水平、推广清洁能源和绿色生产技术等手段，实现全要素生产率的显著提升和可持续发展。这种变革使得生产力的发展不再仅仅追求短期的经济效益，而是更加注重长期的可持续发展和社会责任。

新质生产力推进煤炭企业数字化转型进程

上述三个方面的根本性变革使得新质生产力能够更好地适应时代发展的需求，引领产业转型升级，实现生产力的现代化和可持续发展。这对于煤炭行业而言，意味着煤炭企业要紧紧抓住科技创新和数字化转型的机遇，通过引入新技术、新模式，实现生产力质的飞跃和行业的可持续发展。

新质生产力作为一种以科技创新为主导的生产力形态，具有技术革命性突破、生产要素创新性配置和产业深度转型升级等特点。在煤炭企业中，新质生产力的驱动意味着企业不再仅仅依赖传统的开采方式和资源利用模式，而是要通过科技创新和知识资本的积累，实现生产力质的飞跃。这包括引入先进的开采技术、优化资源配置、提高生产效率、降低环境污染等，从而推动煤炭企业的转型升级。

数字化转型是新质生产力驱动下的必然结果。在煤炭行业中，数字化转型意味着煤炭企业要积极拥抱新技术、新模式。通过信息技术、物联网技术和人工智能技术等手段，实现生产过程的自动化、智能化和柔性化。这不仅可以提高生产效率、降低成本、保障安全，还可以实现资源的合理利用和环境的可持续发展。数字化转型不仅是技术层面的变革，更是企业战略层面的转型，需要企业从组织结构、业务流程、文化理念等多个方面进行全面的改革和创新。

新质生产力的驱动和数字化转型的推进是相辅相成的。加快形成新质生产力为煤炭企业的变革提供了可能性和动力，而数字化转型则是实现这种变革的关键路径。通过数字化转型，煤炭企业可以充分利用新质生产力的优势，实现生产力的现代化和可持续发展。同时，数字化转型也为新质生产力的进一步发展提供了广阔的空间和平台。

我国煤炭行业生产建设中信息化技术和数字化创新现状及趋势

我国煤炭行业大力推动新一代信息技术与煤炭工业各领域的深度融合，积极推进企业数字化转型和煤矿智能化建设，助力行业转型升级与高质量发展，取得了显著成效，但仍面临一定的困难和挑战。未来，煤矿信息化发展的趋势将是智能化装备、大数据技术、智能化矿山以及信息化技术全面助力安全生产。下面就对我国煤炭行业建设中的信息化发展现状及趋势进行探讨。

我国煤炭行业生产建设中信息化技术和数字化创新发展现状

在当前我国煤炭行业建设和生产进程中，新一代信息技术与煤炭产业正以前所未有的速度实现深度整合和广泛应用。这一融合涵盖了多个高新技术领域，诸如煤炭大数据集成分析、煤炭工业互联网体系构建、区块链技术的创新利用、人工智能（AI）及机器人技术的实践部署以及数字孪生技术的初步探索等。

以人工智能与机器人技术为例，其在智能煤矿的构建中已经取得了显著进展，原国家煤矿安监局制定并公布的《煤矿机器人重点研发目录》中列举的19种特种机器人已成功投入煤矿作业现场使用，并且在2020年，国家层面更是将煤矿机器人的研发列为重点专项，大力支持其科技创新与发展。同时，为培养相关专业人才，国内已有6所行业特色高校开设了专门针对煤矿机器人的专业课程，7所高校设立了独立的人工智能专业学科。以山东省为例，其煤矿井下已实际应用了超过40种不同类型的机器人设备。

再以数字孪生技术为例，其作为新兴的数字化解决方案，在煤炭行业的应用尚处于起步阶段，目前主要集中在部分煤矿进行试验性研究与应用。尽管如此，该技术展现出巨大的潜力，未来有望在煤炭工程全生命周期的数字化设计与管理、透明化矿山建设、智能化选煤流程优化等多个方面发挥关键作用，从而推动整个煤炭行业向更高层次的智慧化方向转型。

我国煤炭行业数字化发展虽然取得了明显成效，但也要正视存在的矛盾和问题，概括来说主要有以下几点：

一是企业间数字化水平分化程度加剧。在整个煤炭行业中，不同企业在数字化建设方面的进展不均衡。一些企业可能已经成功地采用了先进的信息技术和管理手段，实现了较高的数字化水平，提升了生产效率和安全性；而另一部分企业则相对滞后，没有跟上行业整体转型的步伐，这种分化加大了行业内企业的竞争力差距。

二是部分企业数字化组织管理呈弱化趋势。在某些煤炭企业中，尽管可能曾投入资源进行过数字化改造，但后续的组织管理和运行机制未能同步强化或优化，导致数字化的优势不能得到持续巩固和深化应用，甚至有可能出现原有管理模式与新兴技术融合不畅、管理体系退化的现象。

三是煤炭数据资源难以发挥核心价值。煤炭行业的数据资源丰富，包括生产过程中的各种实时监测数据、设备运行状态数据、地质勘探数据等。然而，在实际操作中，由于数据整合能力不足、数据分析利用水平有限，这些宝贵的数据资源并未充分转化为能够指导决策、提升效益的核心竞争力。

四是煤炭生产组织体系尚未适应数字化转型需要。传统的煤炭生产体系往往基于机械化和半自动化的模式建立，随着数字化技术的引入，原有的生产流程、资源配置方式以及安全管理体系等都需要进行相应的调整和完善，以匹配数字化生产的高效性和灵活性要求。目前来看，煤炭行业的这一变革还在进行中，并未完全到位。

五是人力资源队伍无法支撑数字化转型要求。煤炭行业数字化转型除了硬件设施和技术系统的升级外，还需要一支具备较高数字技能和专业素质的人才队伍来实施和维护。当前问题在于，现有的人力资源结构和能力不足以满足数字化转型所需的复杂技术和创新管理需求，缺乏足够的数字人才成为制约煤炭行业进一步实现高质量数字化发展的重要瓶颈之一。

我国煤炭行业生产建设中信息技术和数字化创新的趋势

信息技术和数字化创新已成为我国煤炭行业转型升级的关键驱动力，从矿山煤炭产品的生产、深加工到物流运输再到企业安全管理，对煤炭行业的面貌进行全方位、多维度的重塑，从而为其高质量发展奠定坚实基础，也为我国能源安全和可持续发展开辟新的路径。从当前来看，我国煤炭行业生产和建设中信息技术和数字化创新有以下几个主要发展趋势。

一是数字化煤矿建设的全面推进。随着新一轮科技革命的到来，煤炭行业的建设、升级改造和生产模式正经历着深刻的变革。数字化煤矿作为煤炭行业现代化建设的核心内容，正在全国范围内加快推广实施。借助物联网技术，煤矿实现了设备间的互联互通，实时采集并传输各类生产数据；通过大数据分析，企业可以精准预测资源分布、优化开采策略；云计算则为海量数据处理提供了强大的计算能力支持；人工智能的应用，则有助于提升矿井的自动化水平，减少人力投入，提高安全生产系数。这一系列数字化技术的集成应用，不仅能够大幅提高煤炭生产的效率与质量，还有效降低了生产成本，减少了安全隐患，使得整个煤炭产业链呈现出更加智能、绿色的发展态势。

二是智能化运输系统的构建。煤炭物流运输环节的智能化转型是行业发展的重要趋势之一。依托先进的物流信息技术、智能制造技术和云计算平台，煤炭行业的运输体系正在向全程信息化、智能化方向迈进。从装车、运输到卸货，每一个环节都可以实现透明化管理，实时监控车辆位置、载重状态及运输环境参数，确保了煤炭供应链的安全、高效运行。同时，智能化调度系统可以根据市场需求、道路状况等因素动态调整运输计划，从而极大地提高了运输效率和服务质量，并有效地控制了运输成本。

三是全链条数字化管理的深化实践。煤炭企业的运营管理将迎来全面数字化的革新阶段。通过引入 ERP、CRM 等管理系统，企业能够将销售预测、生产计划、采购执行等各业务环节纳入统一的数字平台上进行一体化管理。这种数字化管理模式不仅可以实现对整个运营流程的精细化、智能化管控，还能帮助企业快速响应市场变化，准确把握供需动态，科学配置内部资源，进而降低管理成本，大幅提升运营效率和决策的科学性。

第02章
智慧矿山视域下的数字化与"两化"融合

　　数字化与"两化"融合聚焦于智慧矿山与信息化、数字化、数据化、智能化的关系，数字化转型的内涵与外延，以及"两化"融合在智慧矿山建设中的发展路径；同时，探索信息化与工业化在智慧矿山建设中的深度融合，以及数字化技术如何重塑智慧矿山企业的生产模式与管理流程，从而共同构成了智慧矿山数字化转型的完整框架。

智慧矿山与信息化、数字化、数据化、智能化

建设智慧矿山，信息化、数字化、数据化和智能化，一个都不能少。信息化首要关注的是业务流程和信息资源的有效构建与高效管理，通过将信息技术融入各类资源处理和流程优化之中，从而提高整体运营效率。数字化则聚焦于产品与业务对象的重塑与激活，立足于信息化提供的稳固基础与强大潜能，实现业务和技术间的深度互动，驱动商业模式的根本变革。数据化更倾向于成果提炼，将数字化生成的信息有序整理、深度剖析，运用智能分析工具进行多角度解读，为决策制定提供强有力的数据依据。智能化则凸显对工作流程和业务对象的智能化应用，赋予其敏锐的感知、精确的判断、自我学习与适应性优化的能力，以及执行任务的高效行动力。而智慧矿山正是借助物联网、大数据、云计算等先进技术，对矿山运营的各个环节进行全面数字化改造，实时监测并智能分析各类生产数据，最终实现矿山作业的自动化控制、智能决策以及安全管理的全面提升，以达到安全、环保、高效和可持续发展的新型矿业发展目标。

接下来，将首先分析智慧矿山及其内涵，继而分别深入阐述智慧矿山与上述"四化"之间的紧密联系，从而揭示智慧矿山在现代矿业发展中的重要性。

智慧矿山及其内涵

智慧矿山是指利用先进的数字化、信息化技术，实现对矿山生产、职业健康与安全、技术支持与后勤保障等各个方面的全面感知、自动分析、

快速处理，进而实现矿山安全、高效、清洁、无人化的生产运营。其核心在于将传统矿山生产与管理模式向数字化、智能化转变，以提升矿山的整体运营效率和安全生产水平。

在智慧矿山的建设中，智慧生产系统是核心。这包括智慧主要生产系统和智慧辅助生产系统。前者主要关注采煤和掘进工作面的智能化，如无人值守的综采工作面和掘进工作面，旨在提高生产效率和安全性。后者则关注矿山的爆破采矿、机械采矿等辅助生产环节的智能化，同样以实现无人化、高效化生产为目标。

智慧职业健康与安全系统则关注矿山作业人员的健康与安全，通过智能化手段减少事故、降低伤亡率，并推动矿山生产向"洁净生产，关爱健康"的方向发展。该系统涉及环境、防火、防水等多个方面，包括智慧职业健康安全环境系统、智慧防灭火系统、智慧爆破监控系统等多个子系统，旨在全面保障矿山作业的安全与健康。

此外，智慧技术支持与后勤保障系统也是智慧矿山建设的重要组成部分。这包括技术保障系统、管理和后勤保障系统。技术保障系统主要关注矿山生产过程中的各种技术信息化、智慧化系统，如地测、采掘、机电、运输、通风、调度等。管理和后勤保障系统则关注矿山的智慧化ERP系统、办公自动化系统、物流系统、生活管理、考勤系统等，以提升矿山的管理效率和后勤保障能力。

智慧矿山的内涵远超过简单的技术革新或效率提升，它代表着一种全新的矿山运营模式和发展理念。在数字化、信息化的时代背景下，智慧矿山通过集成先进的技术手段和管理方法，实现了对矿山生产、管理、安全、后勤等全方位、全过程的智能化和无人化改造。这种改造不仅体现在生产设备的自动化和智能化升级，更在于矿山管理体系的智能化重构。通过大数据、云计算、物联网等先进技术的应用，智慧矿山能够实现对生产现场各种数据的实时采集、传输和处理，进而通过智能算法进行自动分析和决策，为矿山生产提供精准、高效的指导。在安全方面，智慧矿山通过构建完善的安全监控和预警系统，能够及时发现并处理潜在的安全隐患，从而极大地提高矿山的安全生产水平。在后勤管理方面，智慧矿山通过引入智能化管理系统，实现了对矿山物资、设备、人员等资源的优化配置和高效管理，极大地提高了矿山的管理效率。

智慧矿山与信息化的关系

智慧矿山与信息化的关系在于，智慧矿山的构建和发展离不开信息化的基础支撑。信息化作为智慧矿山的核心组成部分，贯穿于矿山管理、生产和服务的全过程。在智慧矿山中，信息化实现了从传统的信息孤岛到全方位、全时段、全过程的信息集成与共享。通过对矿山生产数据的实时获取、高效传输和精准应用，确保了矿山运营的透明度和决策的科学性。

信息化技术用于部署各类传感器和监控设备，实时收集矿山环境、设备运行、资源消耗等多维度信息，并通过高速通信网络进行传输。智慧矿山通过信息化手段改进和优化矿山业务流程，提高工作效率，减少人为失误，比如自动化办公、无纸化记录、电子化审批等。信息化系统能够对海量数据进行分析挖掘，提供直观的数据可视化展示和智能决策建议，帮助管理者做出更为精确、高效的决策。

因此，智慧矿山与信息化之间的关系可以说是相辅相成、互为依托，信息化为智慧矿山提供了基础的数据流和信息链，为其智能化管理和控制打下坚实基础。

智慧矿山与数字化的关系

智慧矿山与数字化之间的内在联系是密切且不可分割的。数字化技术实质上构成了智慧矿山建设的重要基石和推动力量。通过数字化手段，智慧矿山将现实世界中的矿山实体、运营流程以及环境变量等多元信息进行高精度、高效率的转换和表达，形成可被计算机系统识别和解析的数字化模型。

数字化不仅实现了矿山实物资产和业务活动的虚拟映射，并构建了矿山运营状态的实时动态数字孪生体，使得矿山的所有环节都能够被精准捕捉和有效管理。在智慧矿山中，数字化技术的应用使得矿山数据得以全面、系统地获取和积累，为后续的数据分析、决策支持以及智能优化提供了丰富、翔实的数据基础。

不难看出，智慧矿山与数字化的关系体现为相互依存、相互促进。智慧矿山的构建和升级依赖于数字化技术对矿山实体和运营过程的深度刻画和重构，而数字化转型的成功实施则有力推动了智慧矿山向更高层次的智能化、自动化方向发展，最终实现矿山产业的高效、安全、绿色和可持续发展。

智慧矿山与数据化的关系

在智慧矿山体系中，数据化是连接现实矿山实体与虚拟智能管理系统之间的桥梁，通过数据化这一过程，智慧矿山得以将丰富的数据资源转化为实际行动指南，推动矿业向着更加智能、高效和可持续的方向发展。

智慧矿山通过部署各类传感器和智能设备，持续不断地采集矿山各环节的原始数据，将原本离散的传统业务数据转化为结构化的数字信息，这是数据化过程的基础。数据化不仅要求将物理世界转换为数字形式，更重要的是通过对这些海量数据进行清洗、整理和深度分析，提取出有价值的信息和知识，如预测故障发生、优化开采路线、改善生产效率等。经过数据化的处理后，智慧矿山能依靠强大的数据处理能力和智能算法，进行多维度的数据分析，形成可视化报告，为管理层提供科学、精准的决策依据，如合理调度资源、预防安全隐患、减少能耗等。数据化的成果还体现在指导矿山日常运营的智能化上，通过实时数据反馈，智慧矿山系统能够动态调整生产策略，实现对矿山生产的精准控制和自主优化。

由此可见，在智慧矿山的建设中，数据化是实现矿山智能化的关键步骤之一，也是智慧矿山有效运作的核心支撑要素。

智慧矿山与智能化的关系

智慧矿山与智能化两者间存在着一种错综复杂的互动张力。智能化进程在智慧矿山架构中扮演着破壁者的角色，其革新力量犹如地质构造运动中的断层挤压，瞬息之间重塑了传统矿山作业的格局。从设备的自主感知与控制，到生产流程的智能调度与优化，再到安全风险的预见性预警，无一不是智能化技术所带来的深刻变革。这种变革并非线性递进，而是以突发式、非连续的方式打破既有范式，催生出全新的运作模式和管理体系。

与此同时，智慧矿山又反过来成为智能化技术实践与创新的重要舞台，为其提供了广阔的应用场景和挑战空间。就如同地质学家面对未知矿藏时的探索精神，智慧矿山呼唤更深层次的智能化解决方案，以应对极端环境下的复杂问题，并持续推动智能化技术本身的进化迭代。如此这般，智慧矿山与智能化便交织成了一种既彼此依存又互为驱动的共生关系，在不断的碰撞与交融中共同揭示矿业未来的新纪元。

智慧矿山视角中数字化转型的内涵与外延

数字化转型是建立在数字化升级基础上，进一步触及企业核心业务，以新建一种商业模式为目标的高层次转型。智慧矿山视角下数字化转型的内涵，其核心聚焦于运用先进信息技术实现矿山全业务流程的数据驱动、智能决策与自动化运营。而在外延层面，这一转型涵盖了与新兴技术的深度融合以驱动产业革新，强调生态环境保护与社会责任担当，推动产业链上下游的数据共享与协同增效，并要求同步升级人才培养体系以及适应数字化相关的法规政策调整，从而在保障经济效益的同时，促进矿山行业的可持续发展和社会贡献。

智慧矿山视角下数字化转型的含义

智慧矿山的数字化转型集中于三方面内涵，即通过实时数据收集与智能分析优化矿山日常运营和战略规划，运用数字化技术和自动控制实现业务流程的整体智能化升级，以及资源与资产管理的高度优化。

在赋能方面，数字化转型过程中，智慧矿山通过各种传感器、物联网、无人机等技术手段，实时收集海量的矿山环境、设备、生产数据，利用大数据分析、人工智能等技术，可以实现对这些数据的深度挖掘与价值提取，进而指导矿山的日常运营和战略决策。

在流程方面，从勘探、设计、建设、开采、运输、选矿到环境监控等所有环节，数字化转型致力于将传统的矿山操作转变为智能自动化过程，通过数字化模型、虚拟仿真、智能控制等方式实现矿山业务流程的全面智能化。

在资源与资产管理方面，智慧矿山通过数字化技术对矿产资源进行精准测绘、成图、评估和管理，实现资源的最大化利用和可持续开发，并能对设备资产进行全生命周期的追踪与维护，降低运维成本，提升效益。

智慧矿山视角下数字化转型的范围

智慧矿山的数字化转型展现出广泛的影响力和包容性，不仅限于内部运营优化，更深度融合新一代信息技术，积极推动产业升级与跨界技术创新。

数字化转型需要跨界技术融合。在智慧矿山的数字化转型中，跨界技术融合起着重要的作用。这种融合不仅限于矿山内部运营的优化，更体现在与新一代信息技术的深度融合上，如5G通信、云计算和区块链等。5G技术为矿山提供了高速、低延迟的数据传输能力，使得实时监控和远程控制成为可能；云计算则提供了强大的数据处理和分析能力，帮助矿山企业更好地理解和利用数据；而区块链技术则通过其去中心化、不可篡改的特性，为矿山的数据安全和可信度提供了保障。这些技术的融合将推动智慧矿山的技术创新和产业升级，实现更高效、安全、环保的生产方式。

数字化转型需要生态环境保护与社会责任履行。在智慧矿山的数字化转型过程中，生态环境保护和社会责任同样被纳入考虑范围。通过数字化监测、预警和治理手段，智慧矿山能够更有效地评估和管理其对环境的影响。例如，通过安装传感器和监测监控系统，矿山可以实时监测工作环境中各种气体的含量和浓度以及温度、风速、负压等技术指标，确保符合环保和安全标准。同时，数字化转型还推动矿山企业采用更绿色、低碳、环保的生产方式，实现可持续发展。这不仅有助于保护生态环境，还体现了矿山企业的社会责任和公众形象。

数字化转型需要产业链协同发展。智慧矿山的数字化转型不仅关注内部运营的优化，还注重与产业链上下游的协同发展。通过构建数据共享平台，智慧矿山能够实现与供应商、客户等合作伙伴之间的实时数据交换和共享。这有助于提高整个产业链的运行效率和经济附加值。例如，供应商可以根据矿山的需求和库存情况调整生产和供应计划，减少库存积压和浪费；客户则可以更准确地了解产品的生产进度和质量情况，提高客户满意度。同时，数据共享还有助于发现产业链中的瓶颈和问题，为优化产业链结构提供决策支持。

数字化转型需要人才培养与政策法规适应。随着智慧矿山数字化转型的推进，培养和引进具备数字化技能的专业人才成为关键。这包括数据分析师、数据工程师、云计算专家等。同时，政策法规的适应也是数字化转型中不可或缺的一环。智慧矿山需要密切关注相关法律法规的变化，确保在数字化转型过程中遵守法律法规要求。此外，政府和企业还应共同构建适应数字化转型的制度环境，为智慧矿山的可持续发展提供有力保障。通过人才培养和政策法规适应的双重努力，智慧矿山将更好地应对数字化转型带来的挑战和机遇，实现更高效、安全、环保的生产方式和社会价值。

"两化"融合在智慧矿山建设中的发展路径探索

"两化"融合是指信息化和工业化的高层次的深度结合，是指以信息化带动工业化、以工业化促进信息化，走新型工业化道路；"两化"融合的核心就是信息化支撑，追求可持续发展模式。在智慧矿山建设中，"两化"融合同样具有重要意义。通过信息化和工业化的深度融合，可以实现矿山生产的智能化、高效化和安全化，提高矿山的生产效率和竞争力，同时也有助于推动整个矿山行业的转型升级和可持续发展。

智慧矿山建设中的"两化"融合实施发展路径是一个多层次、全方位的系统工程，旨在推动矿山行业在信息化与工业化深度融合背景下实现全面转型和升级。具体来说，通过完善基础设施、引进先进技术、加强人才培养和政策引导、实现企业内部信息化与工业化的深度融合以及促进产业链协同等措施，可以推动智慧矿山建设的不断深入发展，为矿山行业的转型升级和可持续发展注入新的动力。

加强智慧矿山基础设施建设

在"两化"融合的时代背景下，智慧矿山建设的每一步都离不开坚实的基础设施支撑。这些基础设施，如同智慧矿山建设的"骨骼"和"血脉"，为矿山行业的信息化和工业化融合提供了坚实的物质和技术基础。

在智慧矿山建设中，基础设施的地位不容忽视。高速网络确保了矿山生产数据的实时传输与共享，为远程监控和决策支持提供了可能；数据中心则像是一个"大脑"，对矿山运营数据进行集中存储、处理和分析，为管理者提供决策依据；云计算平台则提供了强大的计算能力，支持着各种智能化应用的高效运行，使得矿山建设、生产和管理能够更加高效、智能化。这些基础设施的建设，不仅为矿山行业带来了技术上的革新，更推动了整个行业的转型升级。通过高速网络，矿山企业可以实时获取生产一线的数据，实现对建设和生产过程及其安全管理的精准控制；数据中心则使得数据资源得到了更加高效准确的利用，为矿山企业的决策提供了有力支持；云计算平台则推动了矿山生产管理的智能化，提高了企业的运营效率。

随着技术的不断进步，未来智慧矿山建设对基础设施的需求将更加旺盛。我们需要不断完善和优化这些基础设施，以适应智慧矿山建设的需要。同时，也需要加强技术研发和创新，推动矿山行业的信息化和工业化深度融合，为智慧矿山建设提供更加坚实的技术支撑。

技术创新引领矿山行业变革

在智慧矿山建设的征程中，技术的引进和创新无疑扮演着至关重要的角色。物联网、大数据、人工智能等前沿技术的引进，为矿山生产建设注入了智能化的基因。物联网技术使得矿山设备可以实时互联，实现数据共享；大数据技术则能够对海量数据进行深度挖掘，为生产决策提供成果数据支撑；人工智能技术的应用，使得矿山生产能够实现自动化、智能化监控和管理，大大提高了生产效率和安全性。

除了技术引进，鼓励企业开展技术创新同样关键。针对矿山行业的特殊性，研发适用于矿山行业的智能化软件、设备和系统，不仅能够提升矿山生产效率，还能够降低事故发生概率，保障矿山从业人员的生命安全。这种技术创新不仅推动了矿山行业的转型升级，更为矿山企业的可持续发展注入了新的活力。

随着科学技术的不断发展，未来智慧矿山建设将更加注重技术的融合与创新。物联网、大数据、人工智能等技术的深度融合，将为矿山生产带来更加智能、高效的生产方式。同时，随着新技术的不断涌现，智慧矿山建设也将迎来更加广阔的发展空间。

人才引领矿山行业未来

在智慧矿山建设的宏伟蓝图中，人才无疑是最为关键的核心力量。正因为如此，为了应对智慧矿山建设带来的挑战，矿山行业必须重视人才的培养。通过举办培训班、研讨会等多种方式的培养和深造，可以有效提升矿山企业管理者和技术人员的信息化素养和工业化能力。这些活动不仅帮助他们掌握了前沿技术，还培养了他们的创新意识和实践能力，使他们能够更好地适应智慧矿山建设的需要。

人才培养和政策引导在智慧矿山建设中相辅相成，共同推动行业的快速发展。政府在智慧矿山建设中扮演着重要角色。通过出台相关政策，政府可以鼓励和支持矿山企业开展智慧矿山建设，为行业发展提供有力保障。这些政策不仅提供了资金支持和税收优惠，还为企业创造了良好的发展环境，激发了企业的创新活力。事实上，当人才储备充足、技术能力提升时，政策的引导作用将更加明显，为企业的发展提供更有力的支持。反之，政策的出台和实施也将进一步促进人才培养的深入，形成良性循环。

矿山企业内部的"两化"深度融合

企业内部的"两化"深度融合不仅是技术层面的革新，更是企业运营模式和管理理念的全面升级。信息化与工业化的深度融合，意味着在矿山企业内部，信息技术和工业技术将相互渗透、相互促进。

要实现信息化与工业化的深度融合，矿山企业需要采取一系列措施。首先，要优化生产流程，通过信息技术对生产流程进行再造和优化，消除生产过程中的瓶颈和浪费。其次，要提高设备的智能化水平，通过引入智能装备和系统，实现设备的自动控制和智能管理。最后，要建立数字化管理平台，通过集成各类信息系统，实现数据的共享和协同，提高管理效率和决策水平。

产业链协同铸就行业新未来

在矿山行业中，上下游企业之间的紧密合作是确保整个产业链高效运作的基石。智慧矿山建设强调的不仅是单个企业的智能化，更是整个产业链的智能化、协同化。通过加强上下游企业之间的信息沟通和协作，可以实现资源的最优配置、生产的无缝衔接，进而提升整个行业的竞争力和可持续发展能力。

实现产业链协同需要上下游企业共同努力。首先，要建立起完善的信息沟通机制，确保企业间能够及时、准确地传递生产、市场等信息。其次，要加强技术合作与研发，共同推动产业链技术的升级和创新。最后，要形成紧密的合作关系，通过签订长期合作协议、建立供应链金融等方式，确保企业间的合作稳定、持久。

协同合作将为整个矿山行业带来深刻变革。一方面，通过优化资源配置、提高生产效率，将有效降低生产成本，增强行业整体的盈利能力。另一方面，协同合作将促进技术创新和产业升级，推动矿山行业向绿色、安全、高效的方向发展。展望未来，智慧矿山建设将更加注重产业链的协同和整合。随着技术的不断进步和市场的日益开放，矿山行业将迎来更加广阔的发展空间。通过加强产业链协同，整个行业将实现更高水平的发展，为社会的可持续发展发挥重要作用。

信息化与工业化在智慧矿山建设中的深度融合

信息化与工业化融合是指以信息化带动工业化、以工业化促进信息化，走新型工业化道路。在智慧矿山建设中，信息化与工业化的深度融合是在"两化"融合基础上的进一步拓展和深化，即信息化与工业化在更大范围、更细行业、更广领域、更高层次、更深应用、更多智能方面实现彼此交融。它涉及更广泛的行业细分领域、更广泛的覆盖面、更高的技术水平、更深层次的应用实践以及更多维度的智能化渗透，以推动工业化与信息化在更大时空尺度上的有机统一和相互促进，从而实现矿山从传统粗放型向智能、绿色、安全、高效的方向发展。

"两化"融合在智慧矿山建设中的成就与作用

中国煤炭工业协会开展的煤炭行业"两化"融合发展水平评价工作公布的数据显示，我国智慧矿山企业建设的智能化水平在2015年至2020年间取得了显著进展。具体表现是：智能化采掘工作面的数量从黄陵一号煤矿的1个迅速增加到500个；集团财务系统的覆盖率从90%提升至100%；月度财务决算时间从10.5天缩短至7.8天；数据统一集中比率从20.80%

提升至44%；云技术应用占比从35%大幅增长到81%；通过电商平台进行的主要物资采购比率从23.60%提高到50%。同时，企业在信息化方面的资金投入占比虽略有下降，但信息化在企业中的地位日益重要，信息化资金投入占比从0.30%降至0.27%；"两化"融合领导机构比率从60%提高到90%；年终考核中信息化指标的比重也从3.65%增长至5.38%。此外，年营收过亿元的煤炭企业所属信息技术公司的数量从1家增加到超过10家，专业服务于煤炭信息化、智能化的主板上市公司从3家增加到5家，行业数字经济年市场规模也从200亿元至300亿元提升至500亿元至700亿元。这些数据显示出我国煤矿行业在智能化转型方面取得了显著成效，信息化和智能化技术正在深度融合，推动煤炭行业向更高效、更智能的方向发展。

这些数据充分展示了"两化"融合对推动煤炭行业向更高效、更智能的方向发展所起到的重要作用。具体体现在："两化"融合组织管理体系日趋成熟，企业信息基础设施建设不断升级；生产加工转化全过程加快智能化，数据信息资源采集利用水平提升等方面。

"两化"融合促进了企业的"两化"融合组织管理体系日趋成熟。首先，尽管信息化资金投入占比从0.30%降至0.27%，但这种变化并非意味着投入的减少，反而表明企业在信息化方面的投资更加精准和高效，更加注重投资效益。其次，年终考核中信息化指标的比重从3.65%增至5.38%，这一显著增长反映了企业对信息化的重视程度在不断提升，信息化在企业决策和考核中的地位日益凸显。此外，从整个行业来看，智能化采掘工作面的迅速增加、集团财务系统覆盖率的全面提升、月度财务决算时间的大幅缩短以及数据统一集中比率的提升等，都是信息化和智能化技术在煤矿企业中得到广泛应用的生动例证。最后，随着"两化"融合的深入，越来越多的信息技术公司开始服务于煤矿企业，为企业的信息化和智能化提供支持，这也从一个侧面说明了企业在选择和应用信息技术方面正变得更加成熟和多样化。

"两化"融合使得企业信息基础设施建设不断升级。首先，随着智能化采掘工作面的数量从黄陵一号煤矿的1个迅速增加到500个，这显示了企业在采矿技术方面的重大进步，同时也反映了信息基础设施在支持这些先进技术应用方面的关键作用。其次，行业中的集团财务系统的覆盖率从90%提升至100%，这标志着企业财务管理的全面数字化和网络化，离不开强大的信息基础设施支持。此外，月度财务决算时间从10.5天缩短至7.8天，效率提升的背后同样依赖于信息基础设施的优化和升级。最后，数据统一集中比率从20.80%提升至44%，显示出企业在数据整合和管理方面的能力不断增强，而这正是信息基础设施不断升级的直接体现。

"两化"融合加快了煤矿企业从建设到生产的全过程智能化进程。智能化采掘工作面的数量从黄陵一号煤矿的初始1个迅速增加至500个，这直接反映了智能化技术在煤矿生产中的应用范围和深度在不断扩大。这一变化不仅提高了企业的生产效率，降低了能耗和人力成本，更重要的是提高了生产的安全性。智能化技术的应用使得生产加工转化全过程更加自动化、精准化，显著减少了对人工操作的依赖，从而提高了整体生产流程的效率和稳定性。这一变化充分说明了煤矿企业正在加速智能化进程，以适应现代工业生产的需求，实现更高效、更智能的生产方式。

"两化"融合提升了煤矿企业的数据信息资源采集利用水平。从数据统一集中比率来看，该比率从20.80%提升至44%，表明企业对于数据资源的整合和集中管理能力在不断加强。更多的数据被统一集中管理，意味着企业能够更有效地利用这些数据资源来支持决策和优化运营。越来越多的数据被应用于决策支持、生产优化等方面，反映了企业对于数据利用的重视程度在提升。随着数据资源的不断丰富和利用水平的提高，企业能够更好地洞察市场趋势、优化生产流程、提升产品质量,从而实现更高效的运营和更好的发展。此外,企业信息化资金投入占比的变化以及信息技术公司的增加等,都为数据信息资源采集利用水平的提升提供了有力支持。更多的资金投入和更先进的信息技术,使得企业能够更好地采集、存储、处理和分析数据资源,从而进一步提高数据利用水平。

智慧矿山建设中"两化"深度融合的方法与路径

煤炭企业因其特殊的产业特性,相较于其他行业,在推进"两化"深度融合的过程中面临着更大的挑战与更高的内生需求。煤炭企业通常涉及地下作业环境复杂、安全生产压力大、设备工况恶劣、资源分布不均等问题,加之历史遗留的粗放式发展模式,使得企业在迈向智能化、信息化的过程中,必须克服诸多技术难关和管理难题。因此,企业的"两化"深度融合战略需要有明确的核心目标和任务。即:优化生产流程,减少无效劳动和资源浪费,提高单位时间内煤炭产量,同时通过数据分析优化资源配置,降低运营成本,从而提高经济效益;通过实时监测和智能预警系统,可以提前发现并消除安全隐患,大幅度降低安全事故发生概率,保障工人生命安全,同时加强企业信息系统的防护能力,防止数据泄露、恶意攻击等信息安全事件,确保企业运营平稳、有序;通过自动化、无人化或少人化技术的运用,减轻一线工人的劳动强度,减少因人为因素导致的生产事故,也能为员工提供更多从事高层次、创新型工作的机会,提升员工的幸福感和职业满足感。这些核心目标和任务旨在通过科技创新和管理变革,推动行业由传统粗放型向现代化、智能化转型,从而实现安全、高效、可持续的发展。

在上述核心目标和任务的指引下,智慧矿山建设的"两化"深度融合应通过构建全域物联网感知网络、建立数据中心和决策支持平台、研发各类智能应用系统、注重人才培养和政策支持、加强产业链协同与生态构建等几个方面来实现，以此实现智慧矿山建设的目标。

在智慧矿山的基础设施建设中，构建全面覆盖的物联网感知网络是实现"两化"融合不可或缺的重要一步，也是至关重要的基础环节。物联网技术如同神经末梢一般，通过部署各类传感器、智能探测仪器仪表、数据感知系统和无线通信设备，将矿山的每一个角落，无论是深埋地下的矿井、复杂的输送线路，还是繁忙的地面作业区，全部纳入实时监控的范围之内。这些传感器和智能设备犹如矿山的眼睛和耳朵，能够实时捕捉矿山环境中的温湿度、气体浓度、振动幅度等各种环境参数，以及设备的工作状态、能源消耗、磨损程度等设备信息，甚至包括工作人员的精准位置和行动轨迹、生理指标、行为动作等信息。这样就形成了一个多维度、立体化的矿山信息采集网络，确保了数据来源的全面性和准确性。通过物联网技术的广泛应用，智慧矿山能够实现对各类信息的实时感知和动态采集，为后续的数据分析、技术方案决策、智能控制等环节提供了源源不断的数据源头。这一环节的建设极大地提升了矿山运营的透明度和可控性，对于智慧矿山整体效能的提升和可持续发展起到了决定性作用。同时，也为矿山安全、环保、节能等方面的智能化管理奠定了坚实的基础，有利于推动矿山行业的现代化转型升级。

智慧矿山的建设中的数据中心与平台搭建是实现"两化"融合的关键环节，也是实现矿山智能化、信息化的核心载体。数据中心通过高效的数据整合能力，将来自物联网感知网络的各种多源异构数据进行有效汇聚，包括环境监测数据、设备运行状态数据、生产过程数据、人员管理数据等。这些数据经由数据中心进行统一接入、清洗、转换和整合，确保了数据的一致性和完整性。数据中心具备强大的数据存储能力，采用分布式存储、云存储等先进技术，保障海量数据的安全、可靠存储，为长期数据分析和挖掘提供稳定的数据库支撑。数据中心的核心功能之一是数据处理与分析。通过运用大数据分析、人工智能、机器学习等先进技术手段，对存储的海量数据进行深度挖掘和智能分析，揭示数据背后隐藏的规律和价值。由此搭建的数据分析平台，能够实时生成各类报表、图表和预警信息，为企业决策者提供科学、准确的技术依据。决策支持平台的建设是为了更好地将数据资源转化为决策优势。通过对数据的深度挖掘和智能分析，形成针对矿山生产、安全、环保、资源利用等各方面的决策建议和优化方案，助力矿山企业实现智能化决策和精准管理，从而提高整体运营效率，降低风险，实现矿山行业的可持续发展。

智能化应用系统开发是智慧矿山建设中的重要一环，它将物联网、大数据、人工智能等前沿技术与矿山行业深度融合，从而实现了矿山生产全过程的自动化和智能化升级。其中，矿山生产自动化控制系统以其精密的感应设备、先进的控制算法为核心，实时监测并调控矿山生产设备的状态与参数，极大提高了生产效率和安全性，减少了人为操作失误和意外风险。智能调度系统则是通过对矿山各个环节产生的大量实时数据进行快速分析处理，实现对开采、运输、加工等流程的动态优化与精准调度，从而最大限度地发挥产能，减少不必要的停机时间和资源浪费，确保整个生产链的顺畅运作。安全预警系统借助物联网传感器网络，对矿山环境、设备状态、地质变化等进行全天候监测，运用大数据分析和人工智能技术，能够提前发现潜在的安全隐患，并迅速作出预警提示，必要时触发应急预案，有效防范和减少安全事故的发生，保障矿山生产和人员安全。环保监测系统则是智慧矿山守护绿水青山的重要屏障，它实时监测矿山开采活动对周边环境的影响，如空气质量、水质、噪声、土壤污染等，确保在追求经济效益的同时，严格遵循国家环保政策和法规，通过科学的监测数据指导和改进环保措施，助力矿山企业实现绿色发展和可持续经营。这些智能化应用系统共同构成了智慧矿山高效运转的神经系统，推动了矿山行业从传统向现代化、智能化的跨越发展。

在智慧矿山建设的过程中，人才培养与政策引导起着至关重要的推动作用。智慧矿山不仅是先进技术的集成应用，更需有一支掌握信息化技术、了解矿山行业特点的专业人才队伍作为支撑。因此，加强矿山领域信息化人才队伍建设至关重要，应通过教育培训、科研合作、实战演练等多种方式，培养一批懂技术、通业务、善管理的复合型人才，他们能够在智能设备运维、数据分析处理、自动化系统设计等领域发挥关键作用，引领和推动智慧矿山的创新发展。同时，政府在政策层面的引导和支持也不可或缺。一方面，应当出台相关扶持政策，设立专项基金，通过财政补贴、税收优惠、低利率贷款等方式，激励企业加大对矿山"两化"融合的投资力度，加快智能化设备更新换代、信息化系统建设以及关键技术的研发应用。另一方面，政府还应积极参与智慧矿山标准体系的制定和完善，推行智慧矿山建设的规范化、标准化，以利于行业内统一认识、规范操作，增强不同系统和设备间的兼容性和互操作性，为智慧矿山的大规模推广和落地提供坚实的制度保障。

产业链协同与生态构建关乎智慧矿山能否实现高效、可持续的全面发展。在产业链协同创新过程中，鼓励跨行业合作，意味着不仅要强化矿山企业自身的科技创新能力，还要联合信息技术、装备制造、环保、能源等相关行业，形成多元互补、深度融合的产业联盟。通过各方优势互补和资源共享，共同攻克智慧矿山建设中的技术难题，推动智能装备的研发与应用、信息系统的集成与优化，以及环保、安全等多方面的技术创新。整合资源是产业链协同的核心所在，其中包括物质资源、信息资源、技术资源和人力资源等。智慧矿山建设需要实现从勘探、开采、运输、加工到销售等全流程的数字化、网络化和智能化，这就要求产业链上下游企业打破信息孤岛，通过构建统一的数据共享平台，实现数据的互联互通和实时共享，为决策提供准确、及时的支持，同时也为协同创新提供了更大的可能。在协同创新方面，产业链各环节的企业需围绕智慧矿山建设目标，共同开展技术研发、标准制定、示范项目实施等工作，形成一套完整的智慧矿山解决方案。这种创新合作不仅能够解决单个企业无法独立完成的技术难题，也有助于推动整个行业的技术进步和产业升级。共同构建智慧矿山生态系统的目标是打造一个开放、合作、共赢的产业发展环境。在这个生态系统中，每个参与者都能找到自己的定位，通过紧密合作，共同创造更大的价值，实现经济效益、社会效益和环境效益的和谐统一。智慧矿山生态系统的发展和完善，必将有力地推动我国乃至全球矿山行业的现代化进程，实现矿山资源的高效、安全、绿色开发和利用。

数字化技术重塑智慧矿山企业的生产模式与管理流程

数字化技术能够重塑智慧矿山企业的生产模式和管理流程，主要得益于其强大的数据处理能力、实时监控与预测分析功能。通过应用物联网、大数据、人工智能等数字化技术，矿山企业可以实现生产过程的智能化、自动化，提高生产效率，减少人为失误，从而增强生产安全性。此外，数字化技术还有助于实现资源的优化配置和节能减排，推动矿山企业的绿色、可持续发展。

数字化技术重塑智慧矿山企业生产模式的方式

数字化技术通过自动化与智能化生产、生产流程优化、预测性维护以及资源优化配置等方式，重塑了智慧矿山企业的生产模式，提高了生产效率、增强了安全性，并推动了矿山企业的转型和发展。

在智慧矿山企业中，自动化与智能化生产是数字化技术最直接的体现。传统的矿山生产往往依赖大量的人力资源进行设备操作、监控和维护。然而，随着数字化技术的引入，矿山设备、主要生产系统、安全避险系统和人员的作业活动等可以实现实时监控和远程控制，这不仅减少了对人力资源的依赖和浪费，还大大提高了生产过程的自动化和智能化水平。物联网技术是自动化与智能化生产的关键。通过在矿山设备上安装传感器和控制器，物联网技术可以实时收集设备的运行数据，并通过云计算平台进行分析和处理。这样，矿山企业可以及时了解设备的运行状态、生产效率和能源消耗情况，从而做出相应的调整和优化。自动化与智能化生产不仅提高了生产效率，还显著增强了生产安全性。例如，通过实时监控和预警系统，企业可以及时发现并处理潜在的安全隐患，避免事故的发生。此外，自动化和智能化生产还有助于减少人为失误，提高产品质量和生产效率。

数字化技术不仅有助于智慧矿山企业实现自动化与智能化生产，还有助于优化生产流程。数字化技术在生产流程优化方面发挥着至关重要的作用。传统的矿山生产流程往往存在许多瓶颈和问题，这些问题不仅影响生产效率，还可能导致资源浪费和环境污染。通过应用大数据和人工智能技术，智慧矿山企业可以对生产过程中的数据进行深度挖掘和分析。这些数据包括设备运行数据、生产效率数据、能源消耗数据等。通过对这些数据的分析，企业可以发现生产流程中的瓶颈和问题，并制定相应的优化措施。生产流程优化不仅提高了生产效率，还有助于降低生产成本和减少环境污染。例如，通过对生产流程的优化，企业可以减少不必要的能源消耗和废物排放，实现绿色、可持续的生产。

预测性维护也是数字化技术在矿山设备维护方面的重要应用。传统的设备维护方式往往是定期检查和维修，这种方式不仅效率低下，而且很难及时发现和处理潜在的故障。数字化技术可以实现对矿山设备的预测性维护。通过实时监测设备的运行数据，包括温度、振动、耗电量等，数字化技术可以预测设备的维护需求和故障风险。这样，企业可以在设备出现故障前提前进行维护和保养，避免生产中断和设备损坏。预测性维护不仅提高了设备的可靠性和使用寿命，还有助于降低维护成本。通过提前预测和规划维护工作，企业可以合理安排人力资源和物资资源，避免不必要的浪费和损失。

数字化技术对于资源优化配置也起到了关键作用。在传统的矿山生产中，资源的分配和调度往往依赖于经验和手工操作，很难实现资源的合理利用和优化配置。通过应用数字化技术，智慧矿山企业可以实现对矿山资源的实时监控和调度。这些资源包括矿石、水资源、电力等。通过实时收集和分析这些资源的使用数据和需求数据，企业可以更加准确地了解资源的供应情况和需求情况，从而做出更加合理的资源分配和调度决策。资源优化配置不仅提高了资源利用效率，还有助于降低生产成本和减少环境污染。通过合理利用和优化配置资源，企业可以减少资源的浪费和损耗，实现绿色、可持续的生产。同时，优化资源配置还有助于提高企业的竞争力和市场地位，为企业的长期发展奠定坚实基础。

数字化技术重塑智慧矿山企业管理流程的方式

数字化技术通过数据驱动的决策制定、管理流程自动化、实时监控与预警系统、跨部门协同工作、员工绩效与工作管理以及风险管理与应急响应等方式，重塑了智慧矿山企业的管理流程，提高了管理效率和透明度，增强了企业的竞争力和可持续发展能力。

在智慧矿山企业中，数据驱动的决策制定已经成为一种常态。数据分析为管理层提供了深入洞察生产状况的能力。通过收集和分析设备运行数据、生产效率数据等，管理层可以了解生产线的运行状态、生产效率以及潜在的瓶颈。这有助于管理层做出针对性的决策，优化生产流程和提高生产效率。数字化技术还使得管理层能够实时了解资源使用情况。通过监控矿石储量、水资源消耗等关键指标，管理层可以及时调整资源分配策略，确保资源的合理利用和节约。数据分析还为管理层提供了了解市场需求的机会。通过收集和分析市场数据、客户反馈等，管理层可以了解市场趋势和客户需求，从而制定更为精准的市场策略和产品规划。

管理流程自动化是数字化技术在智慧矿山企业管理中的重要应用。传统的矿山企业管理流程往往涉及大量的纸质文档和人工操作，这不仅效率低下，而且容易出错。通过应用数字化技术，企业可以实现管理流程的自动化，大大提高管理效率。例如，电子文档管理系统的引入使得文档的存储、检索和共享变得更加便捷和高效。员工可以随时随地访问所需的文档，大大提高了工作效率。同时，自动化审批流程的引入也使得审批过程更加高效和透明，减少了人为干预和失误。此外，管理流程自动化还有助于降低企业成本。通过减少人工操作和纸质文档的使用，企业可以节省大量的人力和物力资源。同时，自动化流程还可以减少人为错误和失误，降低企业的运营风险。

实时监控与预警系统是数字化技术在智慧矿山企业安全生产中的关键应用。实时监控系统可以实时监测矿山生产中的各种参数，如设备运行状态、生产效率、环境参数等。通过收集和分析这些数据，企业可以及时了解生产状况和设备运行情况，从而做出相应的调整和优化。预警系统可以通过设置阈值和算法，对实时监测数据进行分析和判断。当某个参数超过预设的安全范围时，系统会自动发出预警信号，提醒相关人员及时处理和应对。这有助于企业及时发现潜在的安全隐患，避免事故的发生。实时监控与预警系统还可以实现与其他系统的集成和联动。例如，当预警系统发出信号时，可以自动启动应急预案，调动相关资源进行处理和应对。这有助于提高企业的应急响应速度和效率，降低事故损失。

在智慧矿山企业中，数字化技术打破了部门之间的信息壁垒，实现了信息的实时共享和协同工作。统一的数据平台和管理系统使得不同部门可以方便地访问和共享数据，使得各部门之间可以更好地了解彼此的工作情况和需求，从而更好地协同工作。数字化技术还提供了丰富的协同工具和功能。例如，通过在线协作平台，不同部门的员工可以实时交流和讨论问题；通过线上会议能够及时解决和决策关键问题，通过共享文档和日历等功能，各部门可以更好地协调工作计划和进度。跨部门协同工作还有助于提高企业的整体运营效率和市场竞争力。通过加强部门之间的沟通和协作，企业可以更加高效地响应市场变化和客户需求，从而赢得更多的商业机会和竞争优势。

数字化技术为智慧矿山企业提供了对员工绩效和工作情况进行实时监控和评估的能力。通过收集和分析员工的工作数据，如工作量、工作效率、工作质量等，管理者可以全面了解员工的工作表现。这有助于管理者及时发现员工的工作问题和短板，并制订相应的培训和提升计划。数字化技术还提供了丰富的绩效评估工具和方法。通过设定明确的绩效指标和评估标准，管理者可以更加客观和公正地评价员工的工作表现。同时，通过与员工的沟通和反馈，管理者还可以帮助员工认识自己的不足和提升空间。员工绩效与工作管理还有助于提高员工的工作积极性和满意度。通过合理的激励机制和管理策略，企业可以激发员工的工作热情和创造力，提高员工的工作效率和质量。同时，通过关注员工的成长和发展，企业还可以增强员工的归属感和忠诚度，降低员工流失率。

数字化技术为智慧矿山企业的风险管理和应急响应提供了强大的支持。数字化技术帮助企业建立全面的风险数据库。通过对历史数据和实时数据的整合分析，企业可以识别出生产过程中的潜在风险点，如设备故障、自然灾害、人为失误等，为企业制定针对性的风险防控措施提供依据。数字化技术能够实时监测生产环境和设备状态。通过安装传感器和监测监控系统，企业可以实时获取生产现场的各种技术参数和数据，如浓度、温度、压力、振动等。当这些数据超过预设的安全范围时，系统会自动发出警报，提醒相关人员及时处理。数字化技术还可以提高应急响应的速度和效率。在紧急情况下，企业可以通过数字化平台迅速调动资源，协调各部门的工作，确保应急措施的有效实施。同时，通过实时监测和分析数据，企业可以评估事故的影响范围和程度，为后续的救援和恢复工作提供决策支持。数字化技术还有助于企业完善风险管理体系和应急预案。通过对历史数据和应急响应案例的分析总结，企业可以不断完善风险防控措施和应急预案，提高应对突发事件的能力和水平。

智慧矿山企业通过数字化技术实现持续改进与优化，不断追求生产效率和管理水平的提升。数据分析帮助企业发现生产过程中的瓶颈和问题。通过对设备运行数据、生产效率数据等进行分析，企业可以找出生产流程中的低效环节和潜在改进点，这为制定针对性的优化措施提供了依据。数字化技术支持企业实现生产过程的持续优化。通过引入先进的生产管理系统和优化算法，企业可以实现对生产流程的精确控制和调整。这有助于减少资源浪费，提高生产效率，并降低生产成本。数字化技术还有助于企业实现管理水平的持续提升。通过对员工绩效、资源利用、市场需求等数据的分析，企业可以了解自身的管理状况和存在的问题。这为制定改进措施和提高管理效率提供了有力支持。持续改进与优化是智慧矿山企业实现可持续发展的关键。通过不断引入新技术、优化生产流程和管理模式的改进，企业可以不断提高自身的竞争力和市场地位，为长期发展奠定坚实基础。同时，持续改进与优化还有助于企业更好地应对市场变化和挑战，保持持续的创新能力和竞争优势。

第03章
科技创新驱动智慧矿山形成新质生产力

科技创新是驱动智慧矿山形成新质生产力的关键所在。通过加强科技创新引领、发挥智慧矿山安全体系中的核心作用、明确智慧矿山安全发展的内在逻辑、推动创新主导与产业升级，以及激发需求升级与加快形成新质生产力等几个方面的努力，可以有效推动智慧矿山形成新质生产力，为智慧矿山的建设和发展注入新的动力。

科技创新在构建智慧矿山安全体系中的核心作用

科技创新在构建智慧矿山安全体系中的核心作用是不可忽视的。它不仅提升了矿山的监控和管理能力，推动了安全预警和应急救援体系的完善，还提升了工作人员的安全意识和技能，推动了安全管理制度的创新。随着科技的不断进步，越来越多的先进技术被应用到矿山安全领域，科技创新为智慧矿山安全体系提供了强大的技术支持，不仅提高了矿山生产的智能化水平，更为矿山安全生产筑起了坚固的防线。

智慧矿山通过引入自动化设备和智能化系统，实现矿山生产建设过程的自动化和智能化，提高了生产效率。智能化的矿山设备可以通过传感器和无人机实时监测矿区的工作状态，及时发现问题并进行调整。

智慧矿山减少了对人力的依赖，降低了人力成本，同时减少了工人的劳动强度和安全风险。例如，通过机器人和智能装备的应用，可以在提高生产效率的同时减少危险岗位人员数量。

科技创新引领智慧化矿山安全监控与管理的新时代

智慧矿山正成为现代矿业领域的新方向。随着技术的不断革新，智慧矿山所带来的效率和安全性的提升已经彻底改变了传统矿业的格局。传统的矿山安全监测主要依赖于人工巡检和简单设备检测，存在效率低、漏检、误检等问题。而科技创新引入的智能化监测系统可以实现对矿山环境、设备状态、人员行为等全方位的实时监测。通过传感器、摄像头等设备的联网，监测数据可以实时传输和分析，有助于及时发现异常情况，如地质灾害、有害气体超限、煤层自燃发火、矿井涌水量变化、设备运行异常、人员违章等，提前预警并采取相应措施，极大提升了矿山安全管理的精准度和效率。

科技创新带来了大数据技术的应用，对矿山运行数据进行实时分析和处理。通过对海量数据的挖掘和分析，可以发现隐藏的安全隐患和风险，提供更准确的安全评估和决策支持。例如，通过分析设备运行数据，可以预测设备故障风险，及时进行维护和修复，避免故障导致的安全事故。此外，大数据分析还可以帮助矿山管理者优化资源配置、改进安全培训计划等，提高整体安全管理水平。

人工智能技术在矿山安全监控与管理中发挥着重要作用。通过机器学习和深度学习算法，可以实现对矿山监测数据的自动分析和识别，快速发现异常情况。例如，可以利用图像识别技术对监控摄像头的图像进行分析，识别出人员是否佩戴安全帽、是否存在违规行为等，及时发出预警。此外，人工智能还可以通过对历史事故数据的学习，预测事故风险，帮助矿山管理者采取针对性的措施，避免类似事故再次发生。

科技创新引入的虚拟现实技术可以为矿工提供安全培训和模拟演练的平台。通过虚拟现实技术，可以模拟创建真实的矿山环境，让矿工在安全的虚拟环境中接受培训，学习正确的操作方法和应急处理技巧。这种虚拟培训有利于提高矿工的安全意识和应对突发情况的能力，减少事故发生的风险。

科技创新助力矿山安全预警与应急救援体系的完善

科技创新为矿山安全预警系统的建立提供了技术支持。通过对矿山数据的深度挖掘和分析，可以实时监测矿山环境、设备状态和人员行为等指标，发现异常情况并进行预警。例如，通过监测地质运动、气体浓度、设备运行数据等，可以提前预警地质灾害、气体泄漏和设备故障等潜在风险。预警系统的建立使得矿山能够及时采取相应的措施，减少事故发生的可能性，为安全生产争取宝贵的时间窗口。

科技创新为矿山应急救援提供了更高效的手段和工具。无人机、机器人等先进设备的应用使得救援人员能够更快速地抵达灾害现场，进行快速勘探和救援。无人机可以进行空中侦察，获取灾害现场的图像和视频信息，并传输给救援指挥中心，为救援决策提供实时数据支持。机器人可以进入危险区域，执行救援任务，减少救援人员的风险。这些高效的应急救援手段大大提高了救援的响应速度和成功率，保护了救援人员的安全，并最大限度地减少了事故造成的损失。

科技创新还为矿山应急演练提供了更加真实和有效的模拟手段。通过虚拟现实技术，可以创建真实的矿山场景，让救援人员在虚拟环境中进行应急演练。这种虚拟演练可以模拟各种可能的灾害情景，让救援人员熟悉应对流程和操作技巧，提升应急响应能力。同时，演练过程中的数据收集和分析也可以为应急救援的改进提供参考，优化救援方案和资源配置，提高救援效率和成功率。

科技创新助力矿山工作人员提高安全意识和应对能力

科技创新中的虚拟现实技术为矿山工作人员提供了真实的模拟工作环境。通过佩戴虚拟现实头显，工作人员可以身临其境地感受矿山的工作场景，包括地质结构、设备操作和工作流程等。这种模拟环境可以使工作人员更好地理解矿山工作的现实情况，并通过实践操作训练提高他们的技能和应对能力。

科技创新中的增强现实技术为矿山工作人员提供了实时指导和反馈。通过佩戴增强现实设备，工作人员可以在实际工作中获得虚拟信息的叠加，如操作指导、安全提示和风险警示等。这种实时指导和反馈可以帮助工作人员更好地理解和应用安全规程，减少操作失误和事故风险，提高他们的安全意识和技能水平。

科技创新中的虚拟演练为矿山工作人员提供了安全应对训练的机会。通过虚拟现实技术，可以模拟各种可能发生的事故情景，如火灾、水灾、瓦斯等有害气体超限和冒顶等事故。工作人员可以在虚拟环境中进行演练，学习正确的应急处理方法和逃生技巧，提高他们在突发情况下的反应和决策能力。这种虚拟演练可以降低实际训练中的风险，同时提高工作人员的安全意识和应对能力。

科技创新中的数据分析技术为矿山工作人员提供了个性化的安全培训。通过对工作人员的数据进行分析，如工作记录、操作记录和事故历史等，可以识别出个体的安全隐患和培训需求。基于这些数据分析结果，可以制订针对性的安全培训计划，针对工作人员的薄弱环节进行重点培训，提高他们的安全意识和技能水平。

科技创新为提升矿山工作人员安全意识和技能提供了全面的解决方案。通过结合虚拟现实、增强现实和数据分析等技术，矿山工作人员可以获得真实的模拟环境、实时的指导和反馈，以及个性化的安全培训。这种综合方案可以有效提高工作人员的安全意识，增强他们在工作中应对突发情况的能力，从而为矿山的安全生产做出积极贡献。

科技创新促进矿山企业安全管理的完善与创新

科技创新为矿山企业安全管理提供了先进的技术手段，能够更加准确地评估矿山的安全风险。例如，利用传感器和监控设备对矿山环境、设备运行状态和工人行为等进行实时监测和数据采集，可以精确获得安全风险的信息。这些数据可以用于分析和预测潜在的安全隐患，为制定更科学、合理的安全管理制度提供数据支持。

科技创新为矿山安全管理制度的制定提供了有力支持。通过数据分析和风险评估等技术手段，可以全面了解矿山的安全状况和存在的问题，为制定科学合理的安全管理制度提供依据。科技创新还可以帮助矿山制定更加精细化、差异化的管理措施，根据不同的矿山特点和风险等级制定相应的安全管理政策和操作规程，提高管理的针对性和有效性。

科技创新为矿山安全管理提供了更多的手段和工具，使得安全管理工作更加高效、便捷。例如，引入智能化管理系统和远程监控技术，可以实现对矿山安全状态的实时监控和远程管理，及时发现并解决安全隐患。同时，利用人工智能和大数据分析等技术，可以对矿山的安全数据进行快速处理和分析，提高管理决策的准确性和效率。这些技术手段和工具的应用使得矿山安全管理更加便捷，能够及时响应和处理安全事件，降低事故发生的风险。

科技创新的推动作用有助于提高矿山的安全水平。通过准确评估安全风险、制定科学合理的安全管理制度以及提供高效便捷的安全管理手段和工具，矿山能够更好地预防和控制安全事故的发生，提高安全管理的效能。这不仅可以保护矿山工作人员的生命安全和身体健康，还有助于减少生产中断和财产损失，提升矿山的持续发展能力。

科技创新还推动了矿山行业的安全文化建设。通过引入先进的技术手段，矿山工作人员的安全意识得到提高，安全行为和规范得到有效推进。科技创新为培养和弘扬安全文化提供了新的途径和方法，通过信息化、智能化的手段，将安全意识融入矿山工作的方方面面，从而建立起全员参与、持续发展的安全文化。

从科技创新到新质生产力：智慧矿山安全发展的内在逻辑

科技创新和新质生产力的形成和发展是推动智慧矿山安全发展的核心动力和重要保障，而智慧矿山安全发展则是新质生产力在矿业领域应用的具体体现。科技创新通过技术革命性突破、生产要素创新性配置和产业深度转型升级推动新质生产力的形成，而新质生产力的形成将转化为安全和经济效益的提升，最终推动智慧矿山企业的安全发展和经济效益的提高。这就是智慧矿山安全发展的内在逻辑。

科技创新驱动智慧矿山形成新质生产力

智慧矿山作为现代科技与传统矿业结合的产物，正逐渐成为矿业发展的新趋势。科技创新在智慧矿山的形成中起到了至关重要的作用，它不仅推动了矿山生产方式的转型升级，更是促进了新质生产力的形成，为矿山产业的可持续发展注入了新的活力。智慧矿山领域的科技创新不仅涉及技术层面的突破，还涉及生产组织、管理模式等多方面的创新。

科技创新通过技术革命性突破，为智慧矿山提供了先进的基础设施和装备。例如，引入自动化、智能化技术，可以实现对矿山生产过程的精准控制和监测，减少人为干预和失误操作，从而提高生产安全水平。同时，这些先进技术还可以提高生产效率，降低成本，增加企业的经济效益。

在生产要素创新性配置方面，科技创新通过优化劳动者、劳动资料、劳动对象及其优化组合的质变，推动新质生产力的形成。在智慧矿山中，这表现为利用大数据、云计算等技术手段，实现对矿山资源的智能调度和优化配置，提高资源利用效率。同时，科技创新还可以促进劳动者技能的提升和知识结构的更新，使他们更好地适应智慧矿山生产的需求。

科技创新促进了智慧矿山生产模式的转变。传统的矿山生产模式往往依赖于大量的人力投入和经验判断，而智慧矿山则通过自动化、智能化的生产系统，大幅提高了生产效率和资源利用率。例如，通过引入智能采矿设备，可以实现矿产资源的精准开采，减少资源浪费；同时，利用智能调度系统，可以优化生产流程，提高生产效率。

科技创新还为智慧矿山带来了新的商业模式和发展机遇。随着智慧矿山建设的不断深入，矿山企业可以通过与科技公司合作，共同开发新的产品和服务，实现产业链的延伸和价值的提升。例如，利用虚拟现实技术，可以为矿山提供沉浸式的安全生产培训体验；同时，通过搭建电商平台，可以实现矿山产品的线上销售和供应链的优化。

新质生产力转化为企业安全和经济效益

新质生产力的形成不仅仅是技术层面的革新，更是一个综合性的变革过程，它对于矿山企业的安全和经济效益具有深远的影响。通过提高矿山生产过程的自动化、智能化水平，减少人为因素和安全隐患，新质生产力可以极大地提升矿山生产的安全性。同时，通过提高生产效率、降低成本、优化资源配置等方式，新质生产力还可以增加企业的经济效益和市场竞争力。因此，推动新质生产力的形成和发展是矿山企业实现可持续发展的重要途径。

具体来说，在安全方面，新质生产力通过引入自动化和智能化技术，使矿山生产过程更加精准和可控。这不仅减少了人为操作的失误，还能够在危险环境下实现无人化作业，从而极大地提高了矿山生产的安全性。新质生产力还包括先进的监测和预警系统，这些系统能够实时监控矿山生产过程中的各种参数，并在发现异常情况时及时发出预警，从而帮助矿山企业及时采取措施，防止事故的发生。随着新质生产力的形成，矿山企业对于员工的安全培训和教育也会更加重视。通过培训和教育，员工可以更加熟悉和掌握新设备、新技术的操作方法，从而更加安全地进行生产作业。

在经济效益方面，新质生产力通过引入先进的技术和设备，使矿山生产过程更加高效和快速。这不仅可以提高矿山的生产量，还可以缩短生产周期，从而增加企业的经济效益。新质生产力的形成还可以帮助矿山企业降低生产成本。例如，通过优化资源配置、提高能源利用效率等方式，可以减少企业的运营成本，提升企业的盈利能力。新质生产力还包括先进的资源调度和配置系统，这些系统可以根据实际需求，实现对矿山资源的智能调度和优化配置。这不仅可以提高资源的利用效率，还可以避免资源的浪费和损失，从而增加企业的经济效益。随着新质生产力的形成，矿山企业可以生产出更加高质量、高效率的产品，从而满足市场的需求。这将有助于提高企业的市场竞争力，增加企业的市场份额和盈利能力。

创新主导与产业升级：智慧矿山安全发展的新方向

创新主导与产业升级是智慧矿山安全发展的新方向。在智慧矿山安全发展过程中，通过不断创新和产业升级，可以推动智慧矿山安全建设的深入发展，为矿山行业的可持续发展提供有力保障。

创新主导在智慧矿山安全发展中的关键作用

创新主导在智慧矿山安全发展中具有关键作用。通过技术创新、管理创新和安全文化建设等多方面的努力，可以推动智慧矿山安全发展的不断深入，为矿山行业的可持续发展提供有力支撑。

技术创新是智慧矿山建设的核心。物联网、人工智能、大数据等前沿技术的引入，使得矿山安全监控系统实现了从传统到智能的跨越。物联网技术使得各种矿山设备能够相互连接，实现实时数据传输和监控，确保设备在最佳状态下运行，减少因设备故障引发的安全事故。人工智能的应用则使监控系统具备了自我学习和决策的能力，可以自动识别异常情况并发出预警，为矿山安全管理提供了有力支持。

除了技术创新，管理创新同样重要。传统的矿山管理模式往往依赖于人工巡检和经验判断，难以应对复杂多变的矿山环境。通过引入先进的管理理念和方法，如风险管理、精益管理等，可以优化管理流程，提高管理效率，降低人为因素导致的安全事故。同时，安全制度的完善也是管理创新的重要一环。通过制定科学的安全规章制度和操作规程，明确各级人员的职责和权限，形成有效的安全管理体系，可以显著提高矿山的安全水平。

创新还体现在安全文化的建设上。通过宣传安全知识、开展安全培训、举办安全文化活动等方式，可以提高员工的安全意识和安全技能，形成人人关注安全、人人参与安全的良好氛围。这种安全文化的建设有助于减少安全事故的发生，是智慧矿山安全发展的重要保障。

产业升级对智慧矿山安全建设的影响和方向

产业升级对智慧矿山安全建设具有深远的影响。通过技术升级、产业链优化和绿色发展等多方面的努力，可以推动智慧矿山安全建设的不断深入，为矿山行业的可持续发展提供有力支撑。同时，产业升级也是矿山企业实现自身转型升级、提高核心竞争力的重要途径。

产业升级首先体现在技术层面。传统的矿山生产往往依赖于大量的人力投入和相对落后的技术设备，这不仅限制了生产效率，也增加了安全风险。随着科技的进步，通过引进先进的技术和设备，可以极大地提高矿山生产的安全性和效率。例如，无人驾驶的采矿设备能够自主完成矿石的开采和运输任务，减少人为操作失误导致的安全事故。此外，先进的监控和预警系统能够实时监控矿山生产环境，及时发现潜在的安全隐患，并采取相应的措施进行干预，从而确保矿山生产的安全。

产业升级还包括对矿山生产安全产业链的优化。传统的矿山生产往往是分散的、孤立的，各个环节之间缺乏有效的沟通和协调，这不仅影响了生产效率，也增加了安全风险。通过优化产业链，实现矿山生产的全流程管理和控制，可以显著提高矿山生产的安全水平。从原材料采购到生产加工，再到产品销售，每一个环节都进行严格的安全管理，确保每一个环节都符合安全生产的要求。同时，通过加强各个环节之间的沟通和协调，可以及时发现并解决潜在的安全问题，从而确保矿山生产的安全。

产业升级还体现在绿色发展上。传统的矿山生产往往对环境造成较大的破坏和污染，这不仅增加了环境风险，也影响了矿山企业的可持续发展。通过推动绿色发展，采用清洁能源、减少废弃物排放等措施，可以降低矿山生产的环境风险。同时，绿色发展还可以促进矿山企业与当地社区的和谐共生。通过积极参与社区建设、提供就业机会等方式，矿山企业可以赢得当地社区的支持和信任，从而为自身的可持续发展创造有利条件。

激发需求升级,示范带动传统煤矿产业向智慧矿山转型升级

随着全球能源结构的转变和科技的飞速发展,煤炭行业正面临着前所未有的挑战与机遇。传统的煤矿产业模式已经难以适应现代能源市场的需求;而智慧矿山的建设则成为煤炭行业转型升级的重要方向。这一过程中,科技创新的作用至关重要,它不仅能够激发煤炭行业的新需求,还能够推动整个产业链条的升级。

科技创新激发煤炭行业新需求

科技创新被视为煤炭行业转型升级的核心驱动力,它通过引入新技术、新工艺、新设备和新材料,为煤炭行业带来了前所未有的生产效率和安全水平提高。更重要的是,通过实时监控与数据分析、智能化生产以及绿色化与清洁化等方面的创新应用,不仅提高了煤炭生产的效率和安全水平,还激发了新的市场需求。

物联网技术的引入使得煤矿生产过程得以实时监控。通过安装传感器和设备,可以实时收集矿山内的各类数据,如温度、湿度、风速、粉尘、烟雾、瓦斯等有害气体浓度,从而确保生产环境的安全。同时,结合大数据技术,可以对这些数据进行深度分析,发现生产过程中的瓶颈和问题,进而优化生产流程,提高生产效率。这种技术应用不仅提高了煤炭生产的效率,还降低了生产成本,为煤炭行业带来了新的竞争优势。

人工智能技术在煤炭行业的应用正日益广泛。通过引入智能机器人和

自动化设备，可以替代部分人工操作，减少人为失误带来的安全隐患。例如，无人驾驶的采矿设备可以在复杂的地下环境中自主作业，不仅提高了生产效率，还确保了生产安全。此外，人工智能还可以应用于故障诊断和预测，提前发现设备故障并采取相应的措施，从而避免生产中断和安全事故的发生。

随着环保意识的提高，市场对绿色、清洁的煤炭产品的需求也在不断增加。科技创新通过推动煤炭行业的绿色化和清洁化，满足了这一市场需求。例如，通过引入清洁能源和减少废弃物排放的技术，可以降低煤炭生产对环境的影响。同时，煤炭行业还可以开展废弃物资源化利用的研究和实践，将废弃物转化为有价值的资源，实现资源的循环利用。这些举措不仅有助于煤炭行业的可持续发展，还为其带来了新的市场机遇。

示范项目引领产业转型升级

示范项目在推动煤炭行业转型升级中发挥着至关重要的作用。示范项目不仅是技术和管理模式创新的试验田，更是行业转型升级的引领者和风向标。通过精心策划和实施一批具有先进技术和管理模式的智慧矿山示范项目，煤炭行业可以展现智慧矿山建设的巨大潜力和效益，进而激发整个行业的转型升级热情。

示范项目的首要任务是展示智慧矿山建设的最新成果和显著效益。通过引入物联网、大数据、人工智能等前沿技术，示范项目能够实现矿山生产过程的实时监控、数据分析和智能决策。这不仅提高了生产效率和安全水平，还降低了生产成本和环境影响。通过示范项目的展示，煤炭行业可以清晰地看到智慧矿山建设的实际成效，从而增强对转型升级的信心和动力。

示范项目不仅展示了智慧矿山建设的成果，更重要的是引领了煤炭行业的发展方向。它们通过应用新技术、新工艺和新设备，探索了煤炭行业转型升级的路径和模式。这些示范项目为其他煤炭企业提供了可借鉴的经验和模式，推动了整个行业的转型升级步伐。同时，示范项目的成功实践也为政策制定者提供了决策依据，有助于制定更加科学合理的煤炭行业发展规划。

示范项目的建设还能吸引更多的投资和技术支持。通过展示智慧矿山建设的成果和效益，示范项目能够吸引投资者和技术提供者的关注和支持。这不仅为煤炭行业注入了新的活力和动力，还推动了整个产业链的升级。随着越来越多的投资和技术支持涌入煤炭行业，智慧矿山建设的步伐将进一步加快，推动煤炭行业实现更高水平的转型升级。

示范项目的建设还能促进整个产业链的协同升级。通过引入新技术、新工艺、新设备和新材料，示范项目不仅提高了煤炭生产本身的效率和安全水平，还推动了上游设备制造、下游煤炭加工利用等整个产业链的升级。这种协同升级有助于形成更加高效、安全和环保的煤炭产业链，提升整个行业的竞争力和可持续发展能力。

政策支持和市场驱动共推转型升级

在煤炭行业的转型升级过程中，政策支持和市场驱动二者相互补充、相互促进，共同推动着行业的进步和发展。在未来的发展中，政府和企业应进一步加强合作与互动，共同推动煤炭行业的转型升级和可持续发展。

政府在推动煤炭行业转型升级中扮演着举足轻重的角色。为了引导和支持行业的科技创新和产业升级，政府制定了一系列相关政策和措施。这些政策不仅为煤炭行业提供了明确的转型升级方向，还为其提供了必要的资金、技术和人才支持。例如，政府可以设立专项资金支持煤炭企业的技术研发和技术改造，推动新技术、新工艺、新设备和新材料的广泛应用。

同时，政府还可以通过税收优惠、贷款支持等政策措施，降低煤炭企业的转型升级成本，提高其转型升级的积极性。

市场需求的变化是推动煤炭行业转型升级的重要驱动力。随着能源结构的转变和环保要求的提高，市场对高效、清洁、安全的煤炭产品的需求也在不断增加。这种市场需求的变化将直接推动煤炭企业加快转型升级的步伐，以满足市场的需求和期望。例如，市场对高效节能型煤炭产品的需求将促使煤炭企业加强技术研发和创新，提高煤炭产品的质量和生产效率。同时，市场对环保型煤炭产品的需求也将推动煤炭企业加强环保技术的研发和应用，降低煤炭生产对环境的影响。

政策支持和市场驱动在煤炭行业转型升级中是相互促进的。一方面，政府的政策支持可以为煤炭企业提供更好的转型升级环境和条件，从而激发市场的需求和活力。另一方面，市场需求的变化也可以为政府制定更加科学合理的政策提供依据和参考。这种相互促进的关系将有助于形成政策与市场良性互动的局面，推动煤炭行业转型升级的顺利进行。

随着全球能源结构的转变和环保要求的不断提高，煤炭行业面临着前所未有的挑战和机遇。未来，政府应继续加强政策支持力度，为煤炭行业的转型升级提供更为完善的政策保障和环境支持。同时，煤炭企业也应积极适应市场需求的变化，加强技术研发和创新，推动煤炭产品的高效、清洁、安全发展。只有这样，煤炭行业才能在激烈的市场竞争中立于不败之地，实现可持续发展的目标。

加快形成新质生产力是矿山实体企业创新发展的具体指向

智慧矿山建设的载体是矿山实体企业,在企业安全和提效的创新发展道路上,加快形成新质生产力是核心目标。这是因为,新质生产力的形成,离不开科技创新的强有力驱动,它要求企业在经济发展目标、发展方式和创新方式等方面做出深刻转变,同时也对企业的创新发展提出了新的要求。通过明确新的发展方向、满足新的创新要求、构筑新的产业载体以及推进体制机制变革,矿山实体企业可以在创新驱动的道路上不断前行,实现安全和提效的更高水平的发展。

矿山实体企业发展的新方向

我国实体经济的蓬勃发展,矿山企业作为重要的产业支柱,正面临着前所未有的发展机遇与挑战。面对新要求和挑战,矿山企业需要积极适应和应对,紧密结合实体经济发展的新方向,积极调整战略,实现由传统向现代的转型升级。通过确立全球领先目标、推动高质量发展新格局、激发科技创新活力等措施,不断提升自身的核心竞争力,为推动我国实体经济的持续健康发展贡献力量。

确立全球视野下的领先目标。当前,我国经济发展已经从对发达经济体的追赶进入了领先的新阶段。在这一大背景下,矿山企业不应满足于现状,而应树立全球领先的目标。通过引进先进技术、加强自主研发、优化产业结构等措施,不断提升自身的核心竞争力,实现由跟跑者向领跑者的转变。

推动高质量发展。过去，矿山企业多以成本导向为发展方式，注重规模扩张和成本控制。然而，随着市场环境的变化和消费者需求的升级，单纯追求成本控制已不再是可持续的发展之道。因此，矿山企业需要转变发展方式，将品质、效率与安全放在更加重要的位置。通过提高产品质量、优化生产流程、加强安全管理等措施，推动高质量发展，为企业的可持续发展奠定坚实基础。

激发科技创新活力。创新是引领发展的第一动力。在实体经济发展的新方向下，矿山企业必须从模仿学习向自主创新转变。通过加大科技研发投入、建立创新团队、加强产学研合作等方式，不断提升企业的创新能力。同时，将科技成果转化为新质生产力，实现从技术研发向产业创新转变，推动矿山企业向机械化、信息化、自动化、智能化方向快速发展。

新质生产力对创新发展的要求

新质生产力不仅代表了先进的生产技术和高效的生产模式，更体现了对可持续发展和环境保护的深刻认识。对于矿山企业而言，需要通过创新主导产业发展、激发与引导需求升级以及示范带动传统产业转型升级等措施，不断提升自身的创新能力和核心竞争力，实现可持续发展和绿色发展的目标。

创新主导产业发展，打造核心竞争力。新质生产力的核心在于创新驱动。矿山企业应当转变传统的生产制造模式，将创新作为产业发展的核心。通过加大技术研发投入，推动应用场景、商业模式、管理方法与手段、组织结构与模式的全面创新，打造具有自主知识产权的核心技术，形成独特的竞争优势。同时，要积极对接市场需求，将新质生产力迅速转化为经济成效，形成经济发展新动能，为企业的可持续发展提供强大支撑。

激发与引导需求升级，创造市场新空间。新质生产力的发展不仅要求企业满足市场需求，更要求企业能够激发和引导需求升级。矿山企业应当通过产品创新、服务创新、消费场景创新、消费模式创新、消费方式创新等多种方式，为消费者提供更加丰富、多样化的产品和服务。同时，要通过精准的市场分析和定位，实现需求创造与需求的精准匹配，为供给与需求的有效对接创造有效机制。这样不仅可以扩大市场份额，还可以为企业带来更大的发展空间。

示范带动传统产业转型升级，实现产业协同。新质生产力的发展不仅局限于新兴产业，更应当通过示范带动作用，推动传统产业的转型升级。矿山企业应当利用自身在技术创新、管理创新等方面的优势，通过产业间投入产出关联、产业生态联系等方式，将新质生产力的发展效果迅速扩散到传统产业中。通过技术改造、流程优化、绿色发展等措施，推动传统产业向创新、高效、绿色等方向转型升级，实现产业协同和可持续发展。

构筑矿山企业新质生产力载体

构筑矿山企业新质生产力载体需要重视科技创新、加快市场建设、激发企业创新活力、推进政府引导与管制创新以及培养创新型人才队伍。这将有助于推动矿山企业实现技术升级、转型升级，提高生产效率和竞争力，推动经济的可持续发展。

新质生产力的基础是以数字技术、人工智能技术、新材料、新能源等新技术为核心的技术创新。为了构筑新质生产力产业载体，我们需要在持续的科技创新基础上实现重大关键性突破。这可以通过以下三个方面来实现：一是在科学规划的基础上，实现重大科技装备建设的全球领先突破；二是在提前布局、长期坚持的基础上，实现重大基础研究的新突破；三是以产业创新的需求为导向，推进创新链、产业链、资金链、人才链的融合,实现重大应用研究与成果产业化的新突破。

在推动新质生产力的发展过程中,市场在资源配置中发挥决定性作用。因此,我们需要积极探索适应新质生产力发展要求的新型市场建设,并把握市场机制的新规律。这可以从三个方面来加快新型市场建设:一是积极探索数据要素市场、交易权市场等新型要素市场、权益市场、产品市场、服务市场等的体系化建设;二是积极促进新型市场主体的建设,包括新型研发中心、新型平台企业、新型中介机构等;三是积极探索新质生产力市场机制的新规律,包括定价机制、劳动就业、企业盈利模式等。

企业是新质生产力的主体,激发和鼓励企业发展新质生产力的创新活力至关重要。我们应该以发展数字经济、推动人工智能发展为目标,广泛应用数智技术和绿色技术,加快传统产业的转型升级。同时,还应该大力鼓励和支持创新型企业的快速发展,提升企业家素质,培育、引导和激发企业家的创新精神。

政府在新质生产力发展中发挥着重要的作用,需要把握新质生产力的新规律,积极探索在资源配置中更好发挥政府的作用,加快形成新质生产力的新方式和新做法。一方面,政府要积极引导和鼓励新型产业、新型市场、新型业态、新服务模式的发展,推动创新驱动发展战略的实施。另一方面,政府还需要加强对新质生产力发展的管制,确保其健康有序发展。政府可以通过优化政策环境、简化审批流程、提供财税支持等方式,为企业创新和发展提供良好的政策支持和服务。

新质生产力的发展需要大量高素质、创新型的人才支撑。我们应该加大对人才的培养力度,建立健全人才培养体系,提供多样化的人才培养渠道和机制。同时,要加强人才引进和教育工作,吸引海内外优秀人才加入到新质生产力的研发和应用中来。

创新驱动的体制机制变革

创新驱动的体制机制变革是实现新质生产力快速形成的关键。然而，要实现这种创新驱动的体制机制变革，就必须通过实现重大科技突破、加快新型市场建设、激发企业创新活力、推进政府引导与管制创新以及推进高水平对外开放等措施，构建一个更加有利于创新的环境和体系，推动矿山实体企业实现创新发展。

创新是驱动企业持续发展的核心动力，特别是在当前科技飞速发展的时代，实现重大科技突破对于企业来说至关重要。为了满足这一要求，企业不仅需要加大科技创新和研发投入，还要对关键技术难题发起攻坚战，力求取得实质性的突破。这种突破不是孤军奋战所能达成的，企业应与高校、科研机构等建立紧密的合作关系，形成产学研一体化的创新体系。同时，培养和引进更多的创新人才也是实现科技突破的关键。只有这样，企业才能在激烈的市场竞争中站稳脚跟，持续为社会发展贡献力量。

创新驱动不仅要求企业在科技研发上取得突破，还促使企业加快新型市场的建设步伐。传统的矿山产品市场，往往受限于地域、资源和环保等多重因素，难以满足日益增长的市场需求。因此，企业需要跳出传统市场的框架，探索和实施多元化和国际化的市场策略。通过拓展新的销售渠道和开拓新的市场领域，企业不仅可以提升产品的知名度和竞争力，还能在与国际同行的交流中，学习借鉴先进经验和技术，为自身的创新发展注入新的活力。这样的市场战略调整，不仅有助于企业应对当前的挑战，更是为其长远发展打下坚实的基础。

激发企业创新活力是实现创新驱动发展战略的关键所在。为此，构建一套完善的创新激励机制至关重要。政府可以通过实施税收优惠、资金扶持等政策措施，降低企业创新的风险和成本，引导其加大创新投入。企业内部也需积极培育创新文化，打造鼓励探索、宽容失败的工作环境，让员工敢于尝试、勇于创新。这样的文化和环境，将极大地激发员工的创新热情和创造力，推动企业不断突破技术瓶颈，实现产业升级和转型发展。

政府在产业规划、政策制定以及市场监管等方面扮演着举足轻重的角色，是推进创新驱动发展战略的重要保障。为实现这一目标，政府需制定灵活且开放的政策措施，以激发企业创新活力，引导其加大研发投入，并推动产业结构的优化升级。同时，政府对市场的有效监管和规范不可或缺，以防止市场失灵和恶性竞争，为企业创新活动营造公平竞争的市场环境，确保其创新成果能够得到应有的保护和回报。

推进高水平对外开放，不仅是适应经济全球化趋势的必然选择，更是实现创新驱动发展的重要途径。通过积极参与国际竞争与合作，企业能够接触到更广阔的市场和更丰富的资源，从而激发创新活力，提升自主创新能力。与此同时，加强与国外企业、科研机构的合作与交流，不仅能够引进国外先进技术和管理经验，还能够共同开展技术研发和市场拓展，推动企业向更高水平、更高层次迈进。在这样的背景下，企业更应主动拥抱对外开放，充分利用国内外两个市场、两种资源，不断提升自身的国际竞争力和创新能力。

第04章
智慧矿山企业数字化转型的战略规划与实施路径

  智慧矿山企业数字化转型涉及顶层设计、组织结构优化与资金投入、数字化基础设施与数据治理、协同转型实践以及网络信息安全防护等多个方面。它们共同构成了智慧矿山数字化转型的战略规划与实施路径,旨在推动矿山企业实现高效、安全和可持续的发展。

智慧矿山企业的数字化转型顶层设计

"双碳"背景下煤矿企业的升级改革迫在眉睫,势在必行,智慧矿山是煤企转型发展建设的最终目标和最终成果。智慧矿山企业的数字化转型顶层设计是一个系统性、战略性的规划过程,旨在确立数字化转型的整体框架和目标设定原则。这一过程涉及对矿山企业现有业务模式的深入理解,以及对未来发展趋势的预测。通过顶层设计的精心规划,智慧矿山企业能够有序推进数字化转型,实现传统矿山向现代化、智能化生产模式的转变。

明确核心目标,制订实施计划

智慧矿山企业数字化转型的顶层设计需要明确数字化转型的核心目标,并据此制订具体的实施计划。核心目标应紧密围绕矿山企业的业务需求和发展战略,确保数字化转型能够为企业带来实实在在的价值。这不仅有助于确保数字化转型的顺利推进,还能够为企业带来实实在在的价值和竞争优势。

提高生产效率是数字化转型的核心目标之一。通过引入先进的物联网、大数据和人工智能等技术,可以实现矿山生产过程的自动化、智能化,减少人力成本,提高生产效率。例如,通过智能设备和传感器的应用,可以实时监控矿山设备的运行状态,预测维护需求,减少故障停机时间。同时,通过数据分析优化生产流程,提高资源利用率,减少浪费。

优化资源配置也是数字化转型的重要目标。传统的矿山企业往往存在资源利用不合理、信息不对称等问题。通过数字化转型，可以实现对矿山资源的实时监控和数据分析，帮助企业更准确地掌握资源分布和利用情况，优化资源配置。例如，通过地理信息系统（GIS）技术，可以实现对矿山地形、矿体分布等信息的可视化展示和分析，为企业的决策提供支持。

增强安全监控是数字化转型的另一个核心目标。矿山生产涉及诸多安全风险，如瓦斯爆炸、透水事故等。通过数字化转型，可以建立全面的安全监控体系，实现对矿山生产环境、设备状态等安全监控和预警。例如，通过安装智能传感器和监控设备，可以实时监测瓦斯浓度、水位等关键指标，一旦发现异常情况，及时发出预警并采取相应措施，保障矿山生产的安全。

在明确了数字化转型的核心目标后，接下来需要根据这些目标制订具体的实施计划。实施计划应包括技术选型、项目实施步骤、时间表、预期成果等具体内容。同时，实施计划还需要考虑到企业的实际情况和资源约束，确保计划的可行性和有效性。

框架三大支柱：技术、数据和人才

在智慧矿山企业的数字化转型顶层设计中，框架构建是一个重要的环节。这一环节需要全面考虑技术架构、数据治理和人才培养等多个方面，以确保数字化转型的全面推进。只有全面考虑这些因素，才能确保数字化转型的全面推进，实现智慧矿山的高效、安全和可持续发展。

技术架构是智慧矿山数字化转型的基础。一个合理的技术架构应该能够支撑矿山的智能化生产、高效运营和安全管理。这包括选择适合矿山特点的技术路线、构建稳定可靠的基础设施、实现信息系统的集成与协同等方面。同时，技术架构还需要具备可扩展性和灵活性，以适应矿山业务的不断发展和变化。

数据治理是智慧矿山数字化转型的核心。在数字化转型过程中，数据资源的整合、治理和利用至关重要。这包括建立统一的数据标准和管理规范，实现数据的采集、存储、分析和应用全流程管理。通过数据治理，可以提高数据的质量和利用效率，为矿山的智能化决策和精细化管理提供有力支持。

人才培养是智慧矿山数字化转型的保障。数字化转型不仅需要先进的技术和完善的数据治理体系，更需要一支具备数字化思维和技能的人才队伍。因此，顶层设计需要关注人才培养和引进，通过制订培训计划、建立激励机制等措施，吸引和培养具备数字化技能的人才，为数字化转型提供有力的人才保障。

智慧矿山数字化转型目标设定：科学性、可行性与可持续性

智慧矿山数字化转型的目标设定是一个复杂而关键的过程。企业需要遵循科学性、可行性和可持续性的原则，确保转型目标与整体战略规划相一致，并充分考虑技术、资金、人才等资源的实际约束。只有这样，企业才能在数字化转型的过程中保持稳健的步伐，实现长期的成功和可持续发展。

科学性要求转型目标的设定必须基于深入的市场分析、技术评估和业务理解。这意味着企业需要对自身的发展阶段、市场需求和技术趋势有清晰的认识，从而制定出既符合实际情况又具备前瞻性的转型目标。例如，企业可以通过建立数学模型或利用大数据分析来量化转型的潜在收益和风险，为目标的科学性提供有力支撑。

可行性强调转型目标的实施需要考虑到企业现有的技术基础、资金状况和人才储备。这意味着目标设定不能过于理想化或脱离实际，而是要在

现有资源的基础上进行合理规划和调整。例如，企业可以通过分阶段实施、优化资源配置或寻求外部合作等方式来确保转型目标的可行性。

可持续性则要求转型目标不仅要在短期内带来明显的效益，还要考虑到长期的发展和环境影响。这意味着企业需要在追求经济效益的同时，注重社会责任和环境保护，实现经济效益和社会效益的双赢。例如，企业可以通过采用环保技术、优化生产流程或推动循环经济等方式来实现转型目标的可持续性。

在实际操作中，企业可以通过建立多部门协同机制、加强内外部沟通合作以及定期评估和调整转型计划等方式来确保目标设定原则的有效落实。通过科学性、可行性和可持续性的目标设定，智慧矿山企业可以在数字化转型的道路上稳步前行，实现可持续发展。

智慧矿山企业建设的组织结构优化与资金投入策略

在智慧矿山企业的数字化转型过程中，组织结构优化与资金投入策略是确保转型成功的两个核心要素。组织结构优化是推动数字化转型的基石，而合理的资金投入策略则是为转型提供必要的资金保障。两者相辅相成，共同推动智慧矿山企业的建设与发展。

智慧矿山企业建设中的内部组织架构调整

随着智慧矿山企业数字化转型的深入，传统的企业内部组织架构已难以适应新的业务需求。因此，对企业内部组织架构进行优化调整成为当务之急。这一调整主要围绕建立跨部门的协同机制、推行扁平化管理、组建专门的创新团队、培养与引进人才几个方面展开。

数字化转型需要企业内部各部门之间的紧密合作与协同。建立跨部门的协同机制，打破部门壁垒，促进信息共享和资源整合，确保数字化转型的顺利推进。传统的金字塔式管理结构层级繁多，决策效率低下。推行扁平化管理，缩短决策链条，提高决策效率，使企业更加敏捷地响应市场变化和客户需求。数字化转型需要创新思维的引领和技术支持的保障。组建专门的创新团队，聚集技术研发、市场分析、产品设计等方面的专业人才，为数字化转型提供持续的创新动力。数字化转型对企业员工的技能和素质提出了更高要求。通过内部培训和外部引进相结合的方式，培养与引进一批具备数字化技能和创新思维的人才，为企业数字化转型提供坚实的人才基础。通过这些调整措施，企业内部组织架构将更加适应智慧矿山企业数字化转型的需求，为企业的持续发展提供有力支撑。

智慧矿山企业建设中的合理资金投入策略

在智慧矿山企业的数字化转型过程中，除了组织结构优化外，合理的资金投入策略同样至关重要。资金是企业进行数字化转型的"血液"，缺乏足够的资金支持，任何转型计划都难以实施。因此，制定一个合理、有效的资金投入策略是确保智慧矿山企业数字化转型成功的关键。

首先，企业需要明确数字化转型的投资重点。这包括技术研发、基础设施建设、人才培养、市场推广等各个方面。通过对投资重点的合理分配，可以确保资金的有效利用，避免资源的浪费。数字化转型是一个长期的过程，不可能一蹴而就。因此，企业应该采取分阶段投入的方式，根据转型的不同阶段和实际需求逐步增加资金投入。这种方式可以确保企业在转型过程中始终保持稳定的现金流，降低财务风险。在投入资金之前，企业需要对投资项目进行全面的风险与回报评估。通过评估，企业可以了解投资项目的潜在风险和收益，从而做出更加明智的投资决策。为了确保资金的合理使用和有效监管，其次，企业需要建立完善的资金监管机制。这包括对投资项目的定期审计、对资金使用情况的实时监控等。通过资金监管机制，企业可以及时发现和纠正资金使用过程中的问题，确保资金的安全和有效使用。在数字化转型过程中，企业可能面临资金短缺的问题。此时，企业可以积极寻求外部融资，如银行贷款、风险投资等。通过外部融资，企业可以获得更多的资金支持，加速数字化转型的进程。通过这些方式，企业可以确保资金的合理使用和有效监管，为数字化转型提供坚实的资金保障。

智慧矿山项目中的数字化基础设施建设和数据治理体系

数字化基础设施建设和数据治理体系在智慧矿山项目中扮演着不可或缺的角色。数字化基础设施为矿山提供了高效、稳定、安全的数字化环境，通过硬件设备、网络系统和数据存储处理中心的全面建设，确保数据的实时获取、传输和存储。而数据治理体系则确保了数据的质量、安全和高效利用，通过制定数据标准、监控数据质量、保障数据安全和促进数据共享，为矿山企业的业务决策和数字化转型提供了准确、可靠的数据支持。两者共同构成了智慧矿山项目的核心支柱，推动矿山实现数字化转型，提高生产效率，保障生产安全。

智慧矿山项目中的数字化基础设施建设

智慧矿山项目中的数字化基础设施建设是一个复杂而关键的任务。它需要综合考虑硬件设备、网络系统、数据存储和处理中心等多个方面，确保为矿山提供一个稳定、高效、安全的数字化环境。对采集到的数据进行处理和分析，提取有价值的信息，利用机器学习和人工智能技术，预测矿山的生产情况和潜在风险，并提供决策支持，帮助管理层做出科学的决策。通过这一基础设施的建设，智慧矿山将能够更好地实现数字化转型，提高生产效率，保障生产安全。

硬件设备是数字化基础设施的基石。这包括传感器、智能设备、摄像头、无线通信设备等，它们能够实时监测矿山的关键指标，如瓦斯浓度、水位高低、机械运行状态等。通过视频监控和传感器等设备，实时监测矿山的安全状况。当出现异常情况时，及时发出预警并采取相应的措施，保障员工和设备的安全。

网络系统的建设同样重要。稳定、高速的网络连接是确保数据实时传输和共享的关键。在矿山环境中，由于地理位置偏远、工作环境恶劣，对网络设备的选择和布局都有很高的要求。因此，在建设过程中，需要充分考虑网络的覆盖范围、稳定性和抗干扰能力。

数据存储和处理中心是数字化基础设施的核心。随着矿山数据的不断积累，如何高效、安全地存储和处理这些数据成为一个挑战。这要求矿山建立高性能的数据存储系统，同时采用先进的数据处理技术，如大数据分析、机器学习等，来挖掘数据中的价值，提高矿山的生产效率和安全水平。

在建设数字化基础设施的过程中，还需要考虑如何与其他系统实现集成。例如，与矿山的 ERP、MES 等系统实现数据共享和流程协同，以提高整体运营效率。

智慧矿山项目中建立有效的数据治理体系

在智慧矿山项目中，建立有效的数据治理体系是确保数字化转型成功的另一重要支柱。数据治理不仅关乎数据的收集、存储和管理，更涉及数据的质量、安全和使用效率。一个健全的数据治理体系能够为矿山企业提供准确、及时、可靠的数据支持，推动业务决策的科学化和智能化。通过明确目标、建立标准、监控质量、保障安全、促进共享和优化改进等措施，构建一个健全、高效的数据治理体系，为矿山企业的数字化转型提供有力支撑。

明确数据治理的目标和原则至关重要。这包括确定数据治理的范围、目标、责任和流程，确保所有参与者对数据治理有清晰的认识和共同的理解。同时，制定数据治理的基本原则，如数据准确性、完整性、安全性和可访问性，为数据治理提供明确的指导。

建立数据标准和数据质量监控机制是关键。通过制定统一的数据标准，确保不同来源、不同格式的数据能够进行有效的整合和比较。同时，建立数据质量监控机制，定期检查和评估数据的准确性、完整性和一致性，及时发现并纠正数据问题。

在数据安全和隐私保护方面，数据治理体系应建立严格的数据访问控制和加密机制，确保数据的机密性和完整性。同时，加强员工的数据安全培训，提高全员的数据安全意识，防止数据泄露和滥用。

构建数据共享和协同平台也是数据治理体系的重要组成部分。通过平台化的方式，实现不同部门、不同业务之间的数据共享和协同工作，打破数据孤岛，提高数据的利用效率和业务协同能力。

持续的数据治理改进和优化是不可或缺的。随着矿山业务的发展和数字化转型的深入，数据治理体系也需要不断地进行改进和优化，以适应新的需求和挑战。通过定期的评估和调整，确保数据治理体系始终与矿山企业的业务发展保持同步。

智能化建设与数字化整体协同转型
——智慧矿山落地实践

在智慧矿山的建设中,智能化建设与数字化整体协同转型是落地实践的核心。这两者相互依存、相互促进,共同构成了智慧矿山转型的关键环节。通过明确核心要点和重点,并采取相应的协同策略,可以推动智慧矿山转型的顺利进行,实现矿山企业生产的高效、安全和可持续发展。

智能化建设的核心要点

智能化建设在智慧矿山转型中占据了举足轻重的地位,它不仅代表了技术的前沿,更是推动矿山生产效率与安全性提升的关键力量。智能化建设的核心要点在于智能装备的应用、数据驱动的决策支持以及自动化与智能化控制。这三者相辅相成,共同构成了智慧矿山转型的重要支撑。通过智能化建设,可以实现矿山生产的高效、安全和可持续发展,为矿山的未来注入新的活力。

智能装备的应用,可以说是智能化建设的基石。这些装备,如智能采矿机和智能运输系统,它们的引入极大地改变了传统的矿山作业模式。智能采矿机能够自动进行矿石的开采和分拣,减少人工参与,从而提高生产效率;而智能运输系统则能够实时规划最优路径,减少运输过程中的能耗和时间,同时也提高安全性。

数据驱动的决策支持也是智能化建设不可或缺的一部分。在大数据的时代背景下,矿山生产数据不再仅仅是简单的记录,而是可以转化为有价值的信息。利用大数据分析技术，我们可以对这些数据进行深度挖掘，找出其中的规律和趋势，从而为决策提供更加科学的依据。这不仅提高了决策的准确性，也增强了决策的时效性。

自动化与智能化控制，则是智能化建设的另一大亮点。通过自动化控制系统和人工智能技术，我们可以实现对矿山生产过程的实时监控和智能调控。这意味着，即使在没有人工干预的情况下，矿山生产也能够按照预设的目标和规则有序进行。这不仅降低了对人工的依赖，也提高了生产过程的稳定性和可控性。

数字化整体协同转型的重点

数字化整体协同转型是智慧矿山转型的基石，它涉及矿山内部各个层面的深度变革。数字化整体协同转型的重点在于数据整合与共享、业务流程的数字化改造以及数字化人才的培养与引进。这三者相互关联、相互促进，共同构成了智慧矿山转型的基础。通过实施这些重点措施，可以为矿山的未来发展奠定坚实的基础。

数据整合与共享是这一转型过程的核心。在矿山日常运营中，各个部门和业务单元都会产生大量的数据，这些数据散落在各个角落，如同一座座信息孤岛。为了实现智慧矿山，需要将这些数据进行整合，建立起一个统一的数据平台。这个平台不仅要能够容纳各种类型的数据，还要能够实现数据的实时共享和协同。只有这样，各部门之间才能够打破壁垒，共同利用这些数据来优化业务流程、提高决策效率。

业务流程的数字化改造是数字化整体协同转型的另一重点。传统的矿山业务流程往往依赖于纸质文档和人工操作，不仅效率低下，而且容易出错。数字化改造意味着我们要用数字技术来重新设计这些流程，让它们更加高效、准确。比如，通过引入自动化系统和智能算法，我们可以实现矿山生产计划的自动排程、物资需求的自动预测等功能，从而大幅减少人工干预和错误率。

数字化人才的培养与引进也是数字化转型中不可忽视的一环。无论是数据整合还是业务流程改造，都需要有具备数字化技能的人才来推动和实施。因此，我们需要加强数字化人才的培养，提高他们的数字化素养和技能水平。同时，我们也要积极引进外部的优秀数字化人才，为矿山数字化转型注入新的活力。

智慧矿山落地实践中的协同策略

在智慧矿山落地实践中，智能化建设与数字化整体协同转型的协同策略是至关重要的。其协同策略包括技术融合、标准统一和安全保障。这些策略相互关联、相互促进，共同构成了智慧矿山转型的重要保障。通过实施这些策略，可以确保智能化建设与数字化整体协同转型的顺利进行，推动智慧矿山转型取得更加显著的成效。

技术融合是实现智慧矿山转型的关键。智能化技术与数字化技术并不是孤立存在的，它们需要相互融合，共同作用于矿山生产的各个环节。这种融合不是简单的技术叠加，而是要将智能化与数字化技术深度融合到矿山业务中，实现技术与业务的无缝对接。只有这样，我们才能充分发挥这些技术的优势，提高矿山生产的效率和安全性。

标准统一是确保智能化与数字化建设协调性和一致性的基础。在智慧矿山转型过程中，我们需要制定统一的技术标准和数据标准。这些标准不仅规范了技术应用的范围和方式，还确保了数据的一致性和可比性。通过遵循这些标准，我们可以避免技术之间的冲突和重复建设，提高转型的效率和效果。

安全保障是智慧矿山转型过程中不可忽视的一环。随着智能化与数字化技术的广泛应用，网络安全和数据安全问题也日益突出。我们需要加强网络安全和数据安全建设，确保智能化与数字化转型过程中的信息安全。这包括建立完善的安全管理体系、加强技术防范措施、提高员工的安全意识等。只有这样，我们才能在享受技术带来便利的同时，确保矿山生产的安全与稳定。

智慧矿山企业的网络信息安全防护体系构筑

在智慧矿山企业的数字化转型中，网络信息安全防护体系的构筑成为重要的任务。随着技术的快速发展，矿山企业的运营越来越依赖于网络信息系统，而网络攻击和数据泄露的风险也随之增加。因此，建立健全的网络信息安全防护体系，确保企业数据和信息安全，成为智慧矿山企业发展的必要前提。这就要求企业全面考虑物理、技术和人员等多方面的安全因素，构建多层次、立体化的安全防护体系，并持续优化和升级，以确保企业数据和信息安全，为智慧矿山企业的稳健发展提供有力保障。

智慧矿山企业网络信息安全防护体系的核心要素

智慧矿山企业网络信息安全防护体系的核心要素包括物理安全防护、技术安全防护和人员安全防护。这三个要素相互关联、互为支撑，共同构成了企业网络信息安全防护的坚实基础。只有全面考虑并有效实施这些要素，才能确保智慧矿山企业的网络安全和信息安全，为企业的稳健发展提供有力保障。

物理安全防护是整个网络信息安全防护体系的第一道防线。在智慧矿山中，网络设备和信息系统往往承载着关键的业务数据和流程。因此，确保这些设备和系统所在的物理环境安全至关重要。这包括限制对机房的访问权限、安装监控摄像头、实施严格的门禁管理等措施，以防止未经授权的访问和破坏。同时，对设备和系统的物理环境进行定期巡查和维护，及时发现并处理潜在的安全隐患，确保设备和系统的正常运行。

技术安全防护是智慧矿山企业网络信息安全防护体系的核心。随着网络攻击手段的不断演变和复杂化，单纯依靠物理安全防护已经无法满足企业的安全需求。因此，运用先进的网络安全技术和工具成为必不可少的手段。例如，通过部署防火墙来过滤和阻挡恶意访问和攻击，利用入侵检测系统实时监控网络流量和异常行为，以及采用加密技术对敏感数据进行加密保护等。这些技术和工具的有效运用，可以大大提升企业的网络安全防护能力，有效防范网络攻击和数据泄露。

人员安全防护是整个网络信息安全防护体系中不可忽视的一环。员工是企业网络信息安全的第一道防线，直接影响企业的网络安全。因此，提高员工的信息安全意识、实施严格的权限管理和操作规范非常重要。通过定期的安全培训和教育，使员工了解网络安全的重要性和风险，掌握正确的安全操作方法和应对措施。同时，实施严格的权限管理和操作规范，确保员工只能访问和操作他们被授权范围内的数据和系统，减少人为因素导致的安全风险。

智慧矿山企业网络信息安全防护体系的构建策略

智慧矿山企业网络信息安全防护体系的构建策略是一个系统性、综合性的过程，涉及多个关键环节的协同作用，需要综合考虑风险评估与策略制定、多层次防御以及定期监测与应急响应等多个关键环节。通过系统性的构建过程，企业能够建立起一个稳固、高效的网络安全防护体系，为智慧矿山企业的稳健发展提供有力保障。这一过程中，也需要运用专业的安全技术和工具,对网络系统进行深入剖析,确保评估结果的准确性和全面性。

风险评估与策略制定是整个防护体系构建的基础。通过全面的网络安全风险评估,企业能够深入了解自身网络系统的安全状况,识别出潜在的安全威胁和漏洞。在风险评估的基础上,企业需要制定针对性的安全防护策略。这些策略应该根据企业的实际情况和安全需求来制定,包括技术层面的防护措施、人员层面的安全培训和管理,以及政策和流程层面的规范和完善等。通过制定明确的安全防护目标、措施和时间表,企业能够有针对性地提升网络安全防护能力,降低安全风险。

多层次防御是构建智慧矿山企业网络信息安全防护体系的重要策略之一。多层次防御强调在网络系统的不同层面和环节上采取多种防护措施,形成立体化的安全防护网。这包括边界防护,如部署防火墙和入侵检测系统等,以阻挡来自外部网络的攻击;网络隔离,通过划分不同的网络区域,限制不同区域之间的通信和访问,降低安全风险;主机防护,通过安装杀毒软件、更新补丁等方式,增强主机系统的安全性。通过这些多层次的防护措施,企业能够有效地应对各种网络攻击和威胁,确保网络系统的稳定运行和数据安全。

定期监测与应急响应是智慧矿山企业网络信息安全防护体系中不可或缺的一环。定期监测能够及时发现并处理安全问题,确保网络系统的持续安全。企业应建立专业的安全监测团队,利用先进的监测工具和技术,对网络系统进行实时监控和分析。同时,须建立完善的应急响应机制,一旦发生安全事件或突发事件,企业能够迅速启动应急响应流程,组织专业团队进行快速有效的处置,最大程度地减少损失和影响。

智慧矿山企业网络信息安全防护体系的持续优化

智慧矿山企业网络信息安全防护体系的持续优化是一个持续不断的过程，它要求企业在面对不断演变的网络攻击手段和技术发展时，始终保持警惕和创新。通过定期评估、引入新技术、提升员工安全意识以及建立外部合作机制等手段，企业可以不断完善和优化自身的网络信息安全防护体系，为企业的稳健发展提供有力保障。

定期评估现有防护体系的有效性是持续优化的基石。企业需要定期对网络信息安全防护体系进行全面的检查和评估，包括技术层面的漏洞扫描、人员层面的安全意识调查以及政策和流程层面的合规性审查。这种评估应该是全面的、深入的，旨在发现现有防护体系中存在的问题和不足，为后续的优化工作提供明确的方向和重点。

及时引入新的安全技术和工具是持续优化的关键。随着技术的不断发展，新的安全技术和工具不断涌现，为企业提供了更加高效、便捷的安全防护手段。企业应该保持对新技术和新工具的敏感性，及时了解和掌握这些技术的发展趋势和应用场景，将其引入自身的防护体系中，提升整体安全防护能力。这种引入应该是有针对性的、经过充分论证的，可以确保新技术和新工具能够真正发挥作用，从而为企业带来实实在在的安全保障。

智慧矿山企业还需要注重人员培训和安全意识提升。企业应该定期开展安全培训和教育活动，提高员工的安全意识和技能水平，使他们能够更好地应对各种安全挑战。同时，企业还需要建立完善的激励机制和责任追究机制，鼓励员工积极参与安全防护工作，对违反安全规定的行为进行严肃处理。

智慧矿山企业还需要建立与行业、政府、专业机构等外部力量的合作机制。网络信息安全是一个全球性的问题，需要各方共同努力和协作。企业应该积极与相关行业组织、政府部门和专业机构建立合作关系，共同分享安全信息、交流防护经验、探讨安全技术的发展趋势。通过这种合作机制，企业可以及时了解和掌握最新的安全动态和技术趋势，为自身的网络信息安全防护体系提供有力的支持和保障。

第05章
智慧矿山企业的安全生产与智能化建设

智慧矿山企业的安全生产与智能化建设聚焦于提高安全生产水平,通过智能开采技术保障安全,利用煤矿机器人与 AI 技术赋能安全生产,探索数字孪生、物联网等前沿技术在安全体系中的应用,旨在构建全面智慧运营体系,确保智慧矿山的安全高效运行。

智慧矿山企业对提高安全生产水平的关键作用分析

智慧矿山企业凭借其先进的智能化技术和数据分析能力，成为提高安全生产水平的重要力量。通过实时监测与预警系统、智能化决策支持以及人员培训与仿真模拟等技术手段，智慧矿山企业能够有效地提高矿山的安全管理水平，减少事故的发生，保障员工的生命安全。

实时监测与预警系统

实时监测与预警系统在智慧矿山企业中扮演着至关重要的角色，它们共同构建了一个动态的安全防线，显著提高了矿山的安全生产水平。这一系统通过持续、准确地收集和分析数据，及时发现并预警潜在的安全风险，为矿山的安全生产提供了强有力的保障。

实时监测与预警系统的高效运作，得益于先进的传感器和监控设备的应用。这些设备被精心部署在矿山的各个关键部位，能够持续、准确地收集关于一氧化碳、瓦斯等有害气体的浓度和温度、压力、风速等多项关键安全参数数据。这些数据的重要性不言而喻，它们不仅反映了矿山当前的安全状况，还能为预防潜在风险提供有力依据。通过高速、稳定的网络传输，这些数据被迅速传送到数据控制中心，在那里，经过高效的数据分析处理，系统能够迅速识别出异常数据，进而判断出可能存在的安全风险。而预警系统的及时介入，更是将安全风险降到了最低。一旦系统检测到异常情况，便会立即启动预警机制，通过声、光、电等多种方式向相关人员发出警报。这使得相关技术管理人员能够在第一时间获知安全风险，并迅速采取应对措施，从而有效地避免了事故的发生。

不仅如此，实时监测与预警系统还能为矿山的安全管理提供宝贵的数据支持。通过对历史数据的分析，企业可以更加准确地了解到矿山的安全状况，为制订更加科学合理的技术方案和安全管理措施提供依据。同时，这些数据还可以用于预警系统的算法优化，进一步提高其准确性和灵敏度。

提供智能化决策支持

智能化决策支持系统在智慧矿山企业中具有不可或缺的作用，它是现代矿山安全管理中科学与智慧的结晶。它通过高效的数据收集和处理、先进的数据分析技术以及持续学习和优化的能力，为矿山的建设和生产安全管理提供了科学、精准、高效的决策支持。这种支持不仅提高了安全生产管理的水平，也为智慧矿山企业的可持续发展提供了坚实的保障。

在智慧矿山中，大量的数据不仅被实时收集，更被高效地存储和处理。这些数据不仅包括传统的安全监测监控数据，还涵盖了设备运行数据、人员操作数据等多维度信息。当这些采集的技术数据被输入到智能化决策支持系统中时，先进的数据分析技术如机器学习和深度学习开始发挥作用。这些技术能够深度挖掘数据中的隐藏规律和潜在联系，从而实现对矿山安全状况的精准评估。这种评估不再是基于单一的数据点或传统的经验判断，而是基于大量数据的统计分析和模式识别。

智能化决策支持系统不仅能够对矿山的安全状况进行实时评估，还能够根据评估结果实时发出预警或提供针对性的决策建议。这些预警会停止某种不合理行为活动，这些建议可能涉及调整开采计划、优化设备配置、改善作业流程等多个方面。这些建议的提出，大大提高了安全管理的科学性和准确性，使得矿山的安全管理更加精细化、智能化。此外，智能化决策支持系统还能够持续学习和进化。随着新数据的不断输入和算法的不断优化，系统的评估能力和决策建议的精准度不断提高。这使得智慧矿山企业的安全管理能够不断适应新的环境和挑战，始终保持领先的安全技术水平。

人员培训与仿真模拟

在智慧矿山建设中，人员培训与仿真模拟是提高安全生产水平不可或缺的一环。传统的安全培训方式往往受限于场地、时间和资源等因素，难以提供真实有效的学习体验。然而，随着虚拟现实和仿真模拟技术的不断发展，智慧矿山企业得以打破这些限制，为员工提供更加深入、全面的安全培训。通过利用虚拟现实和仿真模拟技术，企业可以为员工提供更加深入、全面的安全培训，提高他们的安全意识和应急能力。这不仅有助于提高矿山的安全生产水平，还能够为企业的可持续发展提供坚实的保障。

利用虚拟现实技术，企业可以构建出高度逼真的矿山环境，让员工仿佛置身于真实的矿山之中。在这样的环境中，员工可以亲身体验各种安全操作规程和应急处理流程，从而更加深入地理解安全的重要性，并掌握正确的操作方法。这种沉浸式的学习体验不仅提高了员工的学习兴趣和参与程度，还能够帮助他们更好地记忆和理解所学内容。

仿真模拟技术则可以帮助员工在模拟的矿山环境中进行应急演练。通过模拟各种可能发生的紧急情况，如瓦斯超限、火灾等，员工可以在不危及自身安全的情况下学习如何应对这些危机。这种演练不仅能够帮助员工熟悉应急处理流程，还能够提高他们在真实紧急情况下的反应速度和应对能力。

虚拟现实和仿真模拟技术还可以为员工提供个性化的学习体验。通过调整模拟环境的参数和难度，企业可以针对不同员工的学习需求和技能水平进行个性化的培训设计。这种个性化的学习方式不仅能够满足员工的不同需求，还能够提高培训的效果和效率。

智能开采技术在矿山企业中的安全保障实践

安全生产一直是矿山行业最重要的任务之一。随着科技的不断进步，智能开采技术正逐渐成为提高矿山安全生产水平的重要手段。下面就智能开采技术的发展与应用进行探讨。

智能开采技术的发展及其在矿山安全中的优势

对于矿山行业而言，安全生产不仅是一种管理手段，还是企业稳定发展的重要保障，具有极其重要的地位。随着科技的日新月异，智能开采技术逐渐成为提升矿山安全生产水平的关键。它在减少人员伤亡、预防事故发生以及提升监测能力等方面，为矿山安全生产带来了革命性的变革。

传统矿山作业中，塌方、冒顶、水灾、火灾、爆炸、机电事故等危险因素如影随形。而智能开采技术的引入，使得许多原本需要人工完成的高风险作业得以被自动化设备替代。例如，自动化钻机可以在无人值守的情况下进行钻孔作业，大大减少了工人在高风险区域的作业，从而极大地降低了人为因素导致的事故发生概率。

除了减少人员伤亡，智能开采技术还能通过实时监测和预警来预防事故的发生。通过在矿山内部安装传感器和监测设备，可以实时了解环境有害气体的温度、氧气浓度、振动和风速等关键参数。一旦发现异常情况，系统能够自动发出报警，并采取相应的措施，如启动紧急停机程序、启动排风系统等，从而避免事故的发生。

此外，智能开采技术还能显著提升矿山的监测能力。借助无人机巡检技术，可以对矿山进行全方位的巡查和监测，及时发现并处理潜在问题。同时，通过大数据分析和人工智能算法，可以实时分析和预测矿山生产过程中的数据，帮助管理人员更好地掌握矿山运营情况，以便及时做出决策，确保安全生产。

可以说，智能开采技术为矿山安全生产带来了前所未有的机遇。它不仅能减少人员伤亡、预防事故发生，还能提升监测监控能力，使得矿山行业在追求经济效益的同时，也能确保人员的生命安全。随着技术的不断发展和完善，我们有理由相信，智能开采技术将在未来的矿山安全生产中发挥更加重要的作用。

智能开采技术在矿山企业安全生产建设中的应用

智能开采技术在矿山企业安全生产方面的应用涵盖了预防事故发生、减少人员伤亡、提升监测监控能力以及优化工作环境和改进工作方式等多个方面。这些应用不仅提高了矿山企业的安全生产水平，也为矿山行业的可持续发展提供了有力支撑。

通过引入智能开采技术，矿山企业能够利用自动化设备和智能机器人来替代传统的人工操作，特别是在那些存在高风险的区域。这样一来，工作人员就无须亲自置身于危险环境之中，从而显著降低了人员伤亡的风险。

智能开采技术能够通过安装传感器和监测监控设备，对矿井的各种气体温度、氧气浓度、振动等关键参数进行实时监测。一旦这些参数出现异常情况，系统能够自动启动紧急停机程序、通风系统、排水系统、供水系统等，从而有效预防事故的发生。

智能开采技术的应用还能够改善矿山的工作环境。通过自动化设备和智能系统的运用，可以减少工人在恶劣环境下的长时间作业，从而减轻他们的体力劳动强度。此外，实时监测和预警系统也能够对各种安全风险进行实时有效的管控，及时发现并解决潜在的安全隐患，避免事故发生，进一步保障工人的身体健康。

煤矿机器人与人工智能技术赋能智慧矿山企业安全生产

煤矿机器人与人工智能技术在智慧矿山企业的安全生产中发挥着重要作用。从主要的方面来看，它们通过代替人工进行危险作业、实时监测与分析矿山环境以及提高工作安全性和效率等方式，极大地提高了矿山的安全生产水平，从而为矿山的安全生产提供了有力保障。

代替人工进行危险作业

在煤矿行业中，地下矿井和瓦斯抽采等作业环节，由于涉及复杂的地质环境和潜在的安全风险，一直是工人们面临的最大挑战。传统上，这些高风险作业需要工人们亲自进入矿井，进行钻孔、采煤等作业，这不仅需要承受巨大的心理压力，还时刻面临着瓦斯爆炸、坍塌等事故的风险。然而，随着煤矿机器人的引入，这一现状得到了极大的改变。

煤矿机器人以其出色的稳定性和精确性，能够深入最危险的环境中，完成人类难以承受的高强度作业。它们可以在无人值守的情况下进行钻孔、采煤等作业，极大地减少了人员与危险环境的直接接触。这意味着工人们不再需要亲自置身于危险之中，从而极大地保障了他们的生命安全。

此外，煤矿机器人还可以通过远程控制和自动化操作，实现作业的连续性和高效性。它们不受疲劳和工作时间限制，可以全天候进行作业，从而大大提高了整体的生产效率。这种高效的生产模式不仅减少了企业的成本投入，还使得煤矿行业能够更好地满足市场需求。

煤矿机器人的引入并不是一蹴而就的过程，需要研究矿山地层、构造和开采技术条件的适应性，克服技术、成本、人员培训等多方面的挑战。但随着科技的不断进步和煤矿行业的持续创新，煤矿机器人将在未来的煤矿生产中发挥更加重要的作用，为煤矿行业的安全生产和可持续发展提供有力支撑。

实时监测监控与分析矿山环境

实时监测监控与分析矿山环境是人工智能技术在智慧矿山企业安全生产中的重要应用。通过先进的传感器和监测设备，人工智能技术能够实现对矿山内部环境的实时、精确监测。这些传感器如同矿山的"眼睛"和"耳朵"，时刻关注着矿山内部的各种变化，为企业的安全生产提供有力保障。同时，这种技术还能够为企业提供决策支持，推动矿山的可持续发展。

传感器可以检测温度、湿度、氧气浓度、瓦斯含量等关键参数，这些都是直接关系到矿山安全的重要因素。当某个参数出现异常时，人工智能技术能够迅速捕捉到这一变化，并通过智能分析系统迅速做出反应。例如，当瓦斯含量超过安全阈值时，系统可以自动关闭瓦斯阀门，启动通风系统，以防止瓦斯爆炸事故的发生。这种快速反应机制大大减少了人为干预的时间和误差，提高了矿山安全管理的效率和准确性。

除了实时监测监控和应急响应，人工智能技术还能够通过对这些监测数据的深度分析，预测矿山环境的变化趋势。这种预测功能可以帮助矿山企业提前发现潜在的安全风险，制定相应的防范措施，避免事故的发生。例如，通过对温度、湿度等数据的分析，可以预测矿山的天气变化趋势，从而提前安排生产计划，确保生产安全。

此外，实时监测与分析矿山环境还能够为矿山企业的安全生产提供决策支持。通过大量的数据分析，企业及时了解矿山环境的整体状况，发现生产过程中的瓶颈和问题，从而制订更加科学合理的生产计划和管理策略。这种基于数据的决策方式不仅提高了决策的准确性和效率，还为企业的可持续发展提供了有力支撑。

提高工作安全性和效率

煤矿机器人和人工智能技术的引入，无疑为矿山行业带来了革命性的变革。这些技术的应用，不仅显著提高了矿山的安全生产水平，还极大提高了工作效率。机器人作为高效、精准的作业工具，在煤矿生产中发挥着越来越重要的作用。

与传统的人工作业相比，机器人具有连续作业的能力，不受疲劳和工作时间限制。这意味着机器人可以全天候、不间断地进行作业，从而大大提高了整体的生产效率。同时，机器人还可以通过精确控制，减少能源浪费和原材料损耗，进一步降低生产成本。这种高效的生产模式，不仅提高了企业的经济效益，还为矿山行业的可持续发展注入了新的动力。

更为重要的是，煤矿机器人和人工智能技术的引入，极大地提高了矿山的安全生产水平。在传统的矿山作业中，由于工作环境恶劣、作业流程复杂，工人们常常面临着巨大的安全风险。而机器人的引入，使得许多高风险作业可以被机器人替代，从而减少了人员与危险环境的直接接触。这不仅保障了工人们的生命安全，还降低了事故发生的概率。

此外，人工智能技术还能够实现对矿山环境的实时监测和分析。通过安装传感器和监测设备，系统可以实时检测温度、湿度、氧气浓度等关键参数，并在发现异常情况时迅速做出反应。这种智能化的安全监控系统，不仅提高了矿山的安全管理水平，还为企业的安全生产提供了有力保障。

数字孪生、物联网等前沿技术在智慧矿山企业安全体系中的应用探索

随着科技的不断发展，数字孪生和物联网等前沿技术正在智慧矿山企业的安全体系中发挥着越来越重要的作用。这些技术的应用不仅可以提高矿山的安全管理水平和工作效率，还可以推动矿山的可持续发展，实现经济效益和生态效益的双赢。

数字孪生技术在智慧矿山企业安全体系中的应用

当数字孪生技术应用在智慧矿山企业安全体系中时，不得不提的是强大的数据集成能力。通过集成物理模型、传感器、历史数据和实时数据，数字孪生技术能够构建出一个与真实矿山高度一致的数字化映射。这种映射不仅包含了矿山的静态结构，还能够实时反映矿山的动态变化。这意味着可以通过这个数字化的矿山模型，对矿山的地形变化、岩石位移、地下水水位等关键参数进行实时监测和分析。这种实时监测和分析，使得企业能够及时发现潜在的安全隐患，从而采取相应的措施进行预防和处理。

数字孪生技术的优势不仅仅体现在实时监测上，它还能够基于大量的数据分析，建立安全预警模型。这些模型可以预测矿山安全隐患和事故的发生概率，为安全管理部门提供科学的决策依据。这种基于数据的决策方

式，不仅提高了决策的准确性和效率，还使得我们能够在事故发生前进行预警和干预，从而大大降低事故发生的概率和影响。

除了实时监测和预警预测外，数字孪生技术在仿真模拟训练方面也展现出了巨大的潜力。通过模拟矿山的安全事故场景，可以进行安全仿真与演练，提高应急预案的有效性和可执行性。这种仿真模拟训练，不仅可以帮助我们更好地了解矿山的安全风险和挑战，还可以提高矿工的安全意识和应急处置能力。这种能力的提升，对于保障矿山的安全生产具有非常重要的意义。

物联网技术在智慧矿山企业安全体系中的应用

物联网技术在智慧矿山企业安全体系中的应用取得了显著成效。它不仅能够实现全方位的安全监测监控、人员位置监测和水害数据感知，还能够对矿山周边环境进行监测和预警，为矿山的安全生产和环境保护提供有力支持。

物联网技术在智慧矿山中的应用，首先体现在构建全方位的安全监测监控系统上。通过部署传感器和摄像头，物联网技术能够实时监测矿区的安全情况。这些传感器和摄像头如同矿山的"眼睛"和"耳朵"，能够捕捉到矿山的每一个细微变化。无论是地形位移、岩石松动，还是瓦斯浓度超标、火灾风险，物联网技术都能够及时捕捉到这些异常情况，为矿山的安全管理提供有力支持。

此外，物联网技术还能够实现人员定位功能。在矿山作业中，通过物联网技术，可以实时掌握矿山作业人员的位置信息，确保他们在安全的环境下作业。一旦发生紧急情况，可以迅速定位到受困人员的位置，及时展开救援行动，最大程度地减少人员伤亡。

除了对矿区内部进行监测监控外，物联网技术还能够对矿山周边环境进行监测。通过部署传感器网络，可以实时监测矿山周边的水质、空气质量、噪声等环境参数。这些环境参数的变化往往能够反映出矿山作业对周边环境的影响。通过实时监测和分析这些环境参数，可以及时发现环境问题，采取相应的措施进行治理，保护生态系统的健康。

构建与优化全面智慧运营体系，确保智慧矿山企业的安全高效运行

智慧矿山企业的全面智慧运营体系是确保矿山安全高效运行的核心。构建与优化智慧矿山企业的全面智慧运营体系是一个复杂而系统的工程，需要整合各类智能化技术和数据资源，实现矿山生产、管理和安全等方面的全面智能化。在这个过程中，数字化技术是核心和基础，但同样需要其他技术的协同作用和支持。只有这样，才能确保智慧矿山企业的安全高效运行，实现矿山的可持续发展。

数字化技术引领智慧矿山的全面智慧运营体系

在智慧矿山企业的全面智慧运营体系中，数字化技术扮演着至关重要的角色，它是整个运营体系的基石。数字化技术涵盖了物联网、大数据、云计算等一系列前沿科技的集成应用。这些技术不仅改变了传统矿山的安全管理模式和生产方式，还提高了生产效率和安全水平，优化了资源配置，推动了矿山的可持续发展。

数字化技术的引入，带来了生产效率的显著提高。通过物联网技术，可以及时发现潜在问题并进行维护，从而避免生产中断。同时，大数据和云计算技术则可以对矿山生产数据进行深度分析，挖掘出隐藏在数据背后

的规律和价值,为生产决策提供有力支持,从而使得生产过程更加精准、高效。

除了提高生产效率外,数字化技术还在矿山的安全管理中发挥着重要作用。通过集成各类传感器和监控系统,可以实时监测矿山的安全状态,及时发现和处理安全隐患。这种实时监控的方式,使得安全管理变得更加主动、及时,大大提高了矿山的安全水平。

此外,数字化技术还能够优化资源配置,提高资源利用效率。通过大数据分析和云计算技术,可以精准地掌握矿山的资源消耗情况,实现资源的合理调配和利用。这不仅有助于降低生产成本,还能够减少资源浪费,实现矿山的可持续发展。

人工智能技术开启智慧矿山运营的新篇章

在智慧矿山运营体系中,人工智能技术如同一双"慧眼",为矿山的生产、管理和安全保驾护航。它利用机器学习、深度学习等先进技术,对海量的矿山数据进行深度挖掘和分析,从而实现对生产过程的智能调度和优化。这不仅极大地提高了生产效率,而且使得矿山的运营更加精准、高效。

想象一下,当机器学习算法与矿山生产数据相遇,它们共同编制出了一幅幅精确的生产趋势图。这些趋势图如同矿山的"导航图",为生产计划的制订提供了强有力的依据。基于这些趋势图,企业可以更加准确地预测未来的生产需求,从而制订出更加合理、高效的生产计划。这不仅减少了生产中的浪费和不必要的成本支出,而且提高了矿山的整体运营效益。

同时,人工智能技术还在故障预警和故障诊断中发挥着不可替代的作用。传统的矿山设备故障检测往往依赖于人工巡检和经验判断,这不仅效率低下,而且容易漏检、误检。而人工智能技术则可以通过对设备运行数据的实时监测和分析，提前发现潜在的故障风险，并给出准确的故障诊断和维修建议。这使得矿山设备的维护和管理变得更加智能化、高效化，极大地降低了生产事故的发生概率。

更为重要的是，人工智能技术的应用还推动了智慧矿山运营的数字化转型。通过与物联网、大数据等技术的深度融合，人工智能技术为矿山运营提供了更加全面、精准的数据支持。这些数据不仅为矿山的日常运营提供了有力支撑，而且为矿山的可持续发展提供了宝贵的决策依据。

区块链技术让智慧矿山运营体系实现透明化

在智慧矿山运营体系中，区块链技术以其独特的优势，为数据的真实性和可信度提供了坚实的保障。区块链的去中心化特性，意味着数据不再依赖于单一的中央机构或服务器进行验证和存储，而是由网络中的多个节点共同参与和维护。这种分布式的数据存储方式，不仅增强了数据的安全性，还降低了数据被篡改的风险。

在矿山运营中，从生产到管理再到供应链和物流，每一个环节都涉及大量的数据交换和共享。区块链技术通过将这些数据上链存储，不仅实现了数据的透明化，还让数据的每一次变动都留下不可磨灭的痕迹。这意味着任何对数据的篡改或伪造行为都会立刻被网络中的其他节点察觉，从而保证了数据的真实性和可信度。

这种透明化和可追溯性的实现，不仅增强了矿山运营的公信力，还有助于提升企业的品牌形象和信誉度。在供应链管理方面，区块链技术可以实现对原材料来源、生产过程、产品质量等信息的全程追踪和记录，从而确保供应链的透明度和可信度。在物流追踪方面，区块链技术可以实时记录货物的运输状态、位置等信息，提高物流效率，减少运输过程中的信息失真和丢失。

此外，区块链技术还可以通过智能合约等方式，实现矿山运营中的自动化和智能化管理。智能合约是一种基于区块链技术的自动化执行协议，它可以在满足特定条件时自动执行预定义的操作。通过智能合约，可以实现对矿山生产、管理等方面的自动化监控和调节，提高运营效率和管理水平。

技术融合与协同创新智慧矿山运营的未来

在构建与优化智慧矿山企业的全面智慧运营体系时，企业不仅要关注单一技术的先进性，更要注重技术的整合与协同作用。这是因为各类技术并不是孤立存在的，而是相互依存、相互促进的关系。数字化、人工智能和区块链等先进技术，在各自的领域都有着独特的优势和应用价值，当它们被整合在一起时，便能产生更为强大的协同效应。

数字化技术为智慧矿山提供了基础数据支撑，使得生产、管理和安全等各个环节都能够实现数字化管理。而人工智能技术则可以对这些数据进行深度分析和挖掘，预测生产趋势，优化生产计划，实现故障预警和诊断等。区块链技术则通过确保数据的真实性和可信度，增强了矿山运营的公信力。当这三者相互融合时，便能构建出一个更加高效、智能、安全的智慧矿山运营体系。

除此之外，技术的整合与协同作用还需要注重人才培养和技术创新。随着技术的不断发展，企业需要有具备跨学科知识和技能的复合型人才来支撑智慧矿山的运营。同时还需要不断推动技术创新，探索新技术在智慧矿山领域的应用，以保持企业的技术实力和核心竞争力。只有这样，企业才能在激烈的市场竞争中立于不败之地，实现智慧矿山的可持续发展。

第06章
数据治理与智慧决策支持在智慧矿山中的运用

在智慧矿山中,数据治理与智慧决策支持的应用至关重要。这涉及数据集成与孤岛消除,建立与完善数据治理体系,开发实施数据驱动的决策支持系统,利用大数据分析推动管理智能化转型,并应对数据安全与隐私保护的挑战。这些议题共同构成了本章智慧矿山数据治理与决策支持的核心内容。

数据集成与消除孤岛：智慧矿山企业数据整合策略

智慧矿山企业的数据整合，需要明确数据孤岛的形成原因，通常包括系统不兼容、数据格式不统一、部门间沟通不畅等。为打破这些孤岛，需要在数据集成与消除孤岛方面综合运用技术手段和管理策略，确保智慧矿山企业的数据能够得到有效整合和利用。

构建统一的数据集成平台

智慧矿山企业在迈向数据驱动的决策支持时，必须首先构建一个统一的数据集成平台。这个平台不仅是一个技术的集合体，更是企业数据整合战略的核心。它不是一个简单的数据存储仓库，而是一个能够整合、处理、分析和利用来自不同部门和系统的数据综合平台。这个平台的关键功能包括数据采集、清洗、转换、存储和分析，确保从源头到应用的全流程数据质量。

数据采集是平台的基础，它能够自动或手动地从各个系统和设备中捕获数据。数据清洗是确保数据质量的关键步骤，通过识别和纠正错误、去除重复项和异常值，保证数据的准确性和一致性。数据转换则是将不同格式和结构的数据统一化，以便于后续的分析和处理。存储则是确保数据的安全性和可访问性，为后续的数据分析和利用提供坚实的基础。通过构建这样一个统一的数据集成平台，智慧矿山企业能够实现数据的集中管理和共享，打破部门之间的数据孤岛，提高数据的可用性和利用率。这样的平台不仅为企业的日常运营提供了数据支持，更为企业的战略决策提供了强有力的数据依据。因此，构建统一的数据集成平台是智慧矿山企业实现数据整合的基石，也是其走向数据驱动决策支持的重要一步。

标准化数据接口的建立

在智慧矿山企业数据整合策略中，标准化数据接口的建立占据了至关重要的地位。标准化数据接口，正如其字面意义所示，意味着在数据交换过程中，不同系统和设备需要遵循一套统一的规范和标准。这种统一性是确保数据能够顺畅流动、避免形成数据孤岛的关键所在。通过推动数据接口的标准化，企业可以打破数据壁垒，实现数据的自由流动和共享，从而为智慧矿山企业的数据整合和决策支持提供有力保障。

想象一下，如果每个系统和设备都使用自己独特的数据接口，那么数据在从一个系统传输到另一个系统时，就需要经过复杂的转换和处理过程。这不仅降低了数据处理的效率，而且增加了数据出错的可能性。更为严重的是，这种不兼容性会导致数据壁垒的形成，使得数据无法在不同部门和系统之间自由流动和共享。

建立标准化数据接口就是要打破这种数据壁垒。通过制定数据接口标准，企业可以确保所有系统和设备都能够遵循相同的规范和标准，从而实现数据的无缝交换。同时，推广通用数据格式也是推动数据接口标准化的重要手段。通用数据格式具有普适性和易用性，可以大大提高数据在不同系统和设备之间的传输效率。

加强部门间的沟通与协作

在智慧矿山企业的数据整合之旅中，部门间的沟通与协作显得尤为关键。数据孤岛，这一普遍存在的问题，常常源于不同部门间缺乏有效的沟通机制和协作文化。当每个部门都沉浸在自己的数据海洋中,缺乏与其他部门的交流时,数据孤岛便会产生。通过定期召开数据共享会议、建立跨部门的数据工作小组以及建立跨部门的数据共享机制,企业可以打破部门间的壁垒,实现数据的有效整合和利用,为智慧矿山企业的持续发展提供有力保障。

企业应当采取积极的措施加强部门间的沟通与协作。定期召开数据共享会议是一个很好的开始,这样的会议为各部门提供了一个平台,让他们能够分享自己的数据资源、交流数据处理经验,并共同解决在数据整合过程中遇到的问题。通过这样的会议,各部门可以更加明确彼此的需求和期望,从而更加有效地进行数据整合。

此外,建立跨部门的数据工作小组也是非常重要的。这样的小组由来自不同部门的成员组成,他们共同负责数据整合工作。通过小组的协作,各部门可以更加紧密地联系在一起,共同面对数据整合的挑战。同时,小组内的成员可以相互学习、分享经验,并共同制定数据整合的策略和标准。

除了上述措施外,建立跨部门的数据共享机制也是至关重要的。这样的机制需要明确数据的责任和使用权限,确保每个部门都能够合法、合规地访问和使用其他部门的数据。通过这样的机制,可以为智慧矿山企业的决策支持提供更加全面、准确的数据支持。

采用先进的数据处理和分析技术

在智慧矿山企业的数据整合过程中,先进的数据处理和分析技术发挥着重要的作用。随着大数据、云计算等技术的蓬勃发展,这些前沿科技为智慧矿山企业带来了无限的可能性。通过引入大数据处理平台、云计算资源和人工智能技术等前沿科技,企业可以实现对海量数据的快速处理和高效分析，挖掘数据中的价值，为企业的决策提供有力支持。这将有力推动智慧矿山企业的数字化转型和智能化升级。

通过引入大数据处理平台，企业能够实现对海量数据的快速处理和高效分析。这些平台具备强大的数据处理能力，可以自动化地完成数据采集、清洗、转换和存储等环节，大大提高数据整合的效率和准确性。同时，它们还能够提供丰富的数据分析工具，帮助企业深入挖掘数据中的价值，为决策提供有力支持。

云计算资源的应用为智慧矿山企业带来了无限的弹性扩展能力。企业可以根据自身的需求灵活地调整计算资源，满足不同阶段的数据处理需求。这种灵活性使得企业能够迅速响应市场变化，提高竞争力。

人工智能技术也为智慧矿山企业的数据整合带来了革命性的变革。通过机器学习和深度学习等技术，企业可以实现对数据的智能分析和挖掘，发现隐藏在数据中的有价值信息。这些信息对于企业的决策制定具有重要的指导意义，能够帮助企业更好地把握市场趋势，制定更加精准的战略。

确保数据安全和隐私保护

在智慧矿山企业数据整合的过程中，确保数据安全和隐私保护不仅是企业的责任，更是对用户和合作伙伴的承诺。数据整合涉及大量的敏感信息，如生产数据、员工信息、客户资料等，一旦泄露或被滥用，后果将不堪设想。因此，确保数据的安全性和隐私性是企业进行数据整合的前提和基石。通过制定严格的数据管理政策和技术措施，企业可以建立起坚实的数据安全防线，保障数据的有效整合和利用，为企业的稳健发展保驾护航。

智慧矿山企业需要制定全面的数据管理政策，确保从数据的采集、存储、处理到传输的每一个环节都受到严格的监管和控制。首先，建立数据访问控制机制是关键,它要求企业明确不同部门和人员对数据的访问权限,避免数据的非法访问和滥用。其次,采用先进的加密技术对数据进行加密存储和传输,确保数据即使在传输过程中也能得到保护。此外,定期对数据进行备份和恢复测试也是必不可少的,它能在数据发生意外丢失或损坏时迅速恢复,保障业务的连续性。

然而,仅仅依靠技术手段是不够的,企业还需要加强员工的数据安全意识培训,提高他们对数据安全和隐私保护的认识和重视程度。只有全员参与,形成共同的数据安全文化,才能确保数据整合过程中的安全和合规性。

智慧矿山企业数据治理体系架构的建立和完善

在智慧矿山企业的数字化转型进程中,数据治理体系架构的建立与完善显得尤为重要。这不仅关乎企业日常运营的效率和准确性,更直接关系到企业的核心竞争力和市场地位。一个健全的数据治理体系需要涵盖数据管理规范、数据质量控制、数据安全和隐私保护等多个方面,确保数据的可信度、准确性和安全性。智慧矿山企业数据治理体系架构的建立与完善是一项系统工程,需要企业从多个方面入手,确保数据的可信度、准确性和安全性,从而为企业的数字化转型和智能化升级提供有力保障,推动企业在激烈的市场竞争中脱颖而出。

数据管理规范是智慧矿山企业数据治理体系的稳固基石

数据管理规范在智慧矿山企业的数据治理体系中扮演着重要的角色,它是整个数据治理体系的基础和支柱。数据管理规范的制定和实施,不仅关乎企业数据的质量和使用效率，更直接关系到企业的业务运营和决策制定的准确性。通过明确数据的所有权、使用权和流转规则，建立数据分类与标准化体系，以及关注数据的质量和完整性，企业可以建立起一个健全、高效的数据治理体系，为企业的数字化转型和智能化升级提供有力保障。

数据管理规范需要明确数据的所有权、使用权和流转规则。这意味着企业需要清晰地界定各个部门、岗位和员工在数据处理和使用中的权限和责任，确保数据合法合规使用。这不仅能够避免数据滥用和误用，还能够为企业的数据治理提供明确的指导和依据。

数据管理规范需要建立数据分类与标准化体系。在智慧矿山企业中，数据来源广泛、格式多样，如何对这些数据进行统一管理和标准化处理是一个巨大的挑战。通过建立数据分类与标准化体系，企业可以对不同来源、格式的数据进行分类和标准化处理，使得数据更加规范、可比和互通。这不仅提高了数据的可比性和互通性，还为企业的数据分析和挖掘提供了更加可靠的基础。

数据管理规范还需要关注数据的质量和完整性。这包括制定严格的数据采集、清洗、验证和存储流程，确保数据的真实性和准确性。同时，建立数据质量监控机制，定期对数据进行质量评估和审核，及时发现并纠正数据中的错误和异常。这些措施都能够有效地提高数据的质量和可靠性，为企业的业务运营和决策制定提供更加准确的数据支持。

数据质量控制是智慧矿山企业数据治理体系中的关键环节

在智慧矿山企业的数据治理体系中，数据质量控制是一道至关重要的关卡，它守护着企业数据的真实性和完整性，确保每一条数据都能为企业的决策和运营提供坚实的支撑。数据质量控制的重要性不言而喻，因为任何数据的误差或异常都可能导致决策的失误和运营的混乱。通过制定严格的数据采集、清洗、验证和存储流程，建立数据质量监控机制，并培养一支具备数据质量意识和技能的专业团队，企业可以确保数据的真实性和完整性，为企业的决策和运营提供坚实的支撑。这将有助于智慧矿山企业在激烈的市场竞争中保持领先地位，实现可持续发展。

为了实现数据的质量控制，智慧矿山企业需要制定一套严谨的数据采集、清洗、验证和存储流程。这个过程需要细致入微，从数据的源头开始，确保每一条数据都经过严格的筛选和清洗，去除其中的噪声和异常值。同时，通过验证机制，对数据的准确性和可靠性进行再次确认，确保其符合企业的数据标准和要求。最后，在数据的存储环节，企业需要采用安全可靠的存储方式，确保数据不会丢失或损坏。

然而，仅仅依靠一套流程是不够的，智慧矿山企业还需要建立数据质量监控机制。这种机制需要定期对数据进行质量评估和审核，通过自动化工具和人工审核相结合的方式，及时发现数据中的错误和异常。一旦发现问题，企业需要迅速采取措施进行纠正和修复，确保数据的准确性和可靠性。

在这个过程中，人员的素质和技能也至关重要。智慧矿山企业需要培养一支具备数据质量意识和技能的专业团队，他们熟悉数据质量控制的流程和方法，能够独立完成数据质量的监控和维护工作。同时，企业还需要加强员工的数据质量意识培训，提高全员对数据质量的重视程度，形成全员参与、共同维护数据质量的良好氛围。

智慧矿山企业数据安全与隐私保护的全方位策略

在智慧矿山企业的运营中，数据的安全与隐私保护不仅是技术层面的挑战，更是企业管理和文化建设的重要组成部分。面对日益增长的数据量和复杂度，企业需要采取多层次、全方位的安全防护措施，确保数据的机密性、完整性和可用性。通过建立严格的数据访问控制机制、采用先进的加密技术、加强员工的数据安全意识培训等措施，企业可以确保数据的机密性、完整性和可用性，为企业的稳健发展提供有力保障。

首先，建立严格的数据访问控制机制是保障数据安全的关键。这意味着企业需要明确界定数据的访问权限和审批流程，确保只有经过授权的人员才能访问敏感数据。同时，通过实施身份认证和访问控制策略，企业能够实时监控和记录数据的访问行为，及时发现并应对潜在的安全风险。

其次，采用先进的加密技术是保护数据隐私的重要手段。通过对数据进行加密存储和传输，企业可以有效防止数据泄露和被非法获取。这不仅增强了数据的安全性，也为企业与合作伙伴之间的数据共享和交换提供了更加可靠的保障。

此外，加强员工的数据安全意识培训同样至关重要。只有当全员都充分认识到数据安全的重要性，并具备相应的安全意识和技能时，企业的数据安全防护体系才能真正发挥效用。因此，企业需要定期开展数据安全培训活动，提高员工对数据安全的认识和重视程度，形成全员参与、共同维护数据安全的良好氛围。

智慧矿山企业数据治理中构建协同高效的组织架构与机制

在智慧矿山企业中，数据治理不仅仅是一项技术任务，更是一个涉及多个部门和人员的复杂系统工程。为了确保数据治理的高效性和协同性，企业需要建立一个清晰、完善的数据治理组织架构。这一架构旨在明确各部门和人员在数据治理中的职责和权限，确保各项治理活动能够有序、顺畅地进行。通过构建协同高效的组织架构与机制，将为企业数据的有效管理、应用和创新提供有力保障，推动企业在数字化转型和智能化升级中取得更大的成功。

首先，数据治理组织架构应该包括数据治理委员会、数据管理部门和数据用户部门等多个层次。数据治理委员会负责制定数据治理的战略和政策，协调各方资源，推动数据治理工作的深入开展。数据管理部门则负责具体的数据治理工作，包括数据标准制定、数据质量管理、数据安全保护等。而数据用户部门则是数据治理的重要参与者，负责根据数据治理要求，规范、高效地使用数据。

其次，为了形成协同高效的数据治理机制，企业需要建立跨部门、跨层级的沟通协作机制。这包括定期召开数据治理会议，分享治理经验，协调解决问题；建立跨部门的数据共享平台，促进数据的流通和应用；推动各部门之间的数据合作与交流，共同提高数据治理水平。

此外，为了确保数据治理的持续改进和优化，企业需要建立定期的数据治理审查和评估机制。包括对现有数据治理体系的全面审查，发现问题和不足；对新兴技术和方法进行评估，探索将数据治理与业务运营、技术创新相结合的新模式；根据审查和评估结果，及时调整和优化数据治理策略，确保数据治理体系始终与企业的战略目标和业务需求保持高度一致。

数据驱动的智慧决策支持系统在智慧矿山企业中的开发与实施

随着信息技术的飞速发展，数据已经成为智慧矿山企业决策的核心驱动力。在这一背景下，开发和实施数据驱动的智慧决策支持系统显得尤为关键。通过明确需求与目标、数据采集与整合、构建数据分析与挖掘模型、实现数据可视化与交互、培训与推广以及优化与升级等步骤，可以确保系统的成功开发与实施，为企业的决策提供有力支持。

精准定位企业的需求与目标

在智慧矿山企业寻求数字化转型的道路上，开发一个数据驱动的智慧决策支持系统无疑是重要的一步。但在这一过程中，明确企业的具体需求与目标无疑是整个项目的基石。这不仅关乎系统的功能设计，更直接关系到其能否真正满足企业的业务需求，进而提升决策效率与准确性。只有精准地定位企业的需求与目标，才能确保系统的设计与实施能够真正满足企业的业务需求，推动企业在数字化转型的道路上不断前行。

首先，须深入了解企业当前的决策流程。这意味着要深入研究企业是如何做出决策的，其中涉及了哪些部门、人员和数据。通过这一步骤，可以发现现有流程中的痛点和瓶颈，为后续的系统设计提供方向。

其次，与企业管理层进行深入的沟通与交流是必不可少的。管理层往往对企业的战略目标和业务需求有更为清晰的认识。通过与他们的对话，可以了解到企业希望通过智慧决策支持系统实现什么目标，以及期望达到什么样的效果。这种沟通不仅有助于明确系统的功能需求，还能确保系统的设计与企业的整体战略保持一致。

在明确了企业的需求和目标后，接下来的工作就是要确保系统设计与实际需求紧密贴合。这意味着在系统的开发过程中，要不断地回到企业的实际需求进行验证和调整。只有这样，才能确保最终开发出的智慧决策支持系统真正符合企业的期望，为企业的决策提供有力的支持。

全面、准确、及时地采集和整合数据

在构建智慧决策支持系统的过程中，数据采集与整合是构建智慧决策支持系统的关键步骤，没有全面、准确、及时的数据，任何高级的分析和决策支持都将无从谈起。只有通过全面、准确、及时地采集和整合数据，才能够为后续的数据分析和决策支持提供坚实的数据基础，确保系统的准确性和有效性。

数据的来源是多种多样的，对于智慧矿山企业而言，这包括了矿山运营数据、市场数据、财务数据等。这些数据不仅来自企业内部的不同部门和系统，还可能来自企业外部的供应商、合作伙伴和市场研究机构等。因此，数据采集的任务就是要将这些分散、异构的数据进行统一收集，确保数据的全面性和完整性。

仅仅收集数据是不够的。由于数据来源的多样性和复杂性，数据中往往存在着重复、错误、不一致等问题。因此，数据整合的过程就显得尤为重要。这包括对数据进行清洗，去除重复和错误的数据；对数据进行去重，确保数据的唯一性；对数据进行标准化，使其符合统一的数据格式和标准。通过这一系列的处理，可以确保数据的质量和可用性，为后续的数据分析和决策支持提供坚实的数据基础。

数据采集与整合还需要考虑数据的时效性和动态性。在快速变化的市场环境中，数据是不断产生和更新的。因此，智慧决策支持系统需要能够实时地采集和整合数据，确保系统中的数据始终是最新的、最具代表性的。同时，系统还需要具备动态更新和扩展的能力，以适应企业业务的发展和变化。

构建高效的数据分析与挖掘模型

在智慧矿山企业中，构建高效的数据分析与挖掘模型是智慧决策支持系统的核心环节。通过利用先进的算法和技术，结合企业的实际需求，可以构建出高效、准确的数据分析和挖掘模型，为企业的决策提供有力支持。同时，注重模型的评估和优化也是确保模型性能持续提升的关键。

构建数据分析和挖掘模型需要依托强大的算法和技术支持。机器学习、深度学习等先进算法能够在海量数据中自动发现规律和趋势，挖掘出隐藏在数据背后的信息。这些算法可以不断学习和优化，逐渐提高分析和挖掘的准确性和效率。

模型的构建还需要紧密结合企业的实际需求。不同的企业有不同的业务场景和决策需求，因此，数据分析和挖掘模型也需要根据企业的实际情况进行定制化的开发。这包括对模型参数的调整、对算法的优化以及对决策支持工具和功能的设计等。

构建高效的数据分析和挖掘模型还需要注重模型的评估和优化。通过对模型的性能进行评估，可以发现模型的优点和不足，进而对模型进行优化和改进。这包括调整模型的参数、优化算法的选择以及引入更多的数据源等。

实现数据可视化与交互至关重要

在智慧矿山企业中，决策支持系统不仅仅是一堆数据和算法的堆砌，更重要的是要将其转化为直观、易懂的信息，以便管理层能够迅速把握核心要点并做出决策。实现数据可视化与交互不仅能够提供直观、易懂的数据展示方式，还允许管理层对数据进行深入的探索和分析。这样的系统才能真正发挥数据驱动决策的作用，帮助管理层做出更加明智、准确的决策。

数据可视化能够将复杂的数据转化为直观的图表、图像或动态展示，让管理层一眼就能看出数据的分布、趋势和关联。这不仅降低了数据理解的门槛，还提高了决策的效率。例如，通过柱状图可以清晰地展示不同部门或产品的业绩对比；通过折线图可以直观地看到某项指标随时间的变化趋势。

而交互功能则进一步增强了数据可视化的效果，允许管理层根据自己的需求对数据进行筛选、查询和深入分析。这种个性化的数据探索方式，使得管理层能够深入挖掘数据背后的故事，发现更多的价值。例如，通过交互式图表，管理层可以选择查看特定时间段或特定部门的数据，以便更精确地了解业务情况；通过数据查询功能，管理层可以快速定位到感兴趣的数据点，深入了解其背后的细节。

通过培训与推广，赋能全员参与

在智慧矿山企业中，智慧决策支持系统的成功实施不仅依赖于先进的技术和设计，更在于企业内部人员的参与和接受程度。因此，培训和推广活动成为系统成功应用的关键环节。通过持续、有效的培训和推广活动，智慧决策支持系统将在企业内部发挥更大的价值，助力企业实现更科学、更高效的决策过程。

培训的目的是提升企业管理层对数据分析和决策支持系统的理解和应用能力。通过专业的培训课程，管理层可以系统地学习如何利用系统提供的数据和洞察来优化决策过程。这种培训不仅涉及系统的基础操作和功能使用，更重要的是培养一种基于数据驱动的决策思维。

而推广则是为了让更多的部门和员工了解和使用智慧决策支持系统。通过内部宣传、案例分享、经验交流等方式，可以激发员工对系统的兴趣和好奇心，促使他们主动尝试并参与到系统的使用中来。这种全员参与的氛围有助于形成共同推动智慧决策的文化，让系统在企业内部得到更广泛的应用和认可。

培训和推广活动还需要注重持续性和实效性。随着系统的不断升级和功能增强，新的培训内容和推广策略也需要随之调整。同时，通过定期的回顾和总结，可以及时发现并解决员工在使用系统过程中遇到的问题和困难，确保系统的顺畅运行和持续优化。

持续优化与升级，确保与时俱进

在智慧矿山企业的运营中，决策支持系统的重要性不言而喻。但一个成功的决策支持系统并不是一成不变的，它需要随着企业业务的发展和市场的变化而持续进行优化和升级。通过不断的优化和升级，系统可以更好地满足企业的实际需求，提供更为准确、及时的决策支持信息和洞察，助力企业在激烈的市场竞争中立于不败之地。这是一个动态、持续的过程，确保系统始终能够为企业提供最新、最准确的决策支持信息和洞察。

随着企业业务的拓展和深化，原有的决策支持模型可能无法完全满足新的业务需求。因此，系统需要不断地根据新的业务需求进行调整和优化，确保模型能够更准确地反映业务的实际情况和趋势。

数据源是决策支持系统的核心。随着市场环境的变化和企业业务的拓展，数据源也可能发生变化。因此，系统需要及时更新数据源，确保数据的准确性和时效性。

用户界面也是决策支持系统的重要组成部分。一个直观、易用的用户界面可以提高用户的使用体验，提高系统的使用效率。因此，系统需要不断优化用户界面，确保用户能够轻松、高效地使用系统。

持续优化和升级还需要注重系统的稳定性和安全性。在优化和升级的过程中，需要确保系统的稳定运行，避免对企业的正常运营造成影响。同时，还需要加强系统的安全防护，确保数据的安全和隐私。

大数据分析助力智慧矿山企业的管理智能化转型及应用

随着信息技术的飞速发展，大数据分析已经成为智慧矿山企业管理智能化转型的重要引擎。通过深度挖掘和分析海量数据，企业可以优化生产管理、实现资源高效利用、降低生产成本、提高生产效率、保障生产安全，并在多个方面实现智能化决策和管理。这将为智慧矿山企业的可持续发展注入强大的动力。

大数据分析在企业安全生产管理中实时监控与优化

在煤矿安全生产管理领域，大数据分析已经成为智慧矿山企业转型升级的重要支撑。传统的生产管理方式往往依赖于人工监控和经验判断，难以全面、实时地掌握生产现场的各种信息。而大数据分析在生产管理中的应用为智慧矿山企业带来了实时监控、优化生产、节能减排等多重优势。通过充分利用大数据分析技术，智慧矿山企业可以实现更加高效、绿色、可持续的生产管理，为企业的长远发展奠定坚实基础。

利用大数据分析实时监控矿山设备的运行状态，管理者能够及时发现设备故障或异常，避免生产中断和事故发生。同时，通过对生产效率数据的分析，管理者可以找出生产过程中的瓶颈和问题，如生产效率低下、物料浪费等，从而采取相应的优化措施。这不仅有助于提高生产效率，还能够降低生产成本，增强企业的市场竞争力。

大数据分析还能够帮助企业精准地掌握各个生产环节的能耗情况，发现能耗高的环节和设备，进而制定针对性的节能措施。这不仅可以降低企业的能源成本，还有助于减少环境污染，实现绿色发展。

更重要的是，大数据分析能够为生产调度和优化提供数据支持。通过数据驱动的生产调度，企业可以更加科学、合理地安排生产计划，优化资源配置，提高生产效率。同时，通过对历史数据的分析和学习，企业还可以预测未来的生产需求和趋势，为未来的生产决策提供有力支持。

大数据分析驱动下智慧矿山企业的资源优化

在智慧矿山企业的资源优化方面，大数据分析展现出了其独特的魅力和价值。传统的资源分配往往依赖于经验和直觉，很难做到精准和科学。然而，随着大数据技术的引入，这一局面得到了根本性的改变，为智慧矿山企业的高效与可持续发展提供了有力支持。

大数据分析能够综合考虑市场需求、生产计划、设备运行状况等诸多因素，通过复杂的算法和模型，为企业提供一套科学的资源分配方案。这种方案不仅考虑了当前的生产需求，还预测了未来的市场趋势和设备状况，因此具有很高的前瞻性和实用性。

对于矿山企业而言，资源的有效利用和成本控制是关键。大数据分析通过精准的资源分配，可以减少不必要的浪费，提高资源的利用效率。同时，通过优化生产流程，降低生产成本，企业在激烈的市场竞争中将更具优势。

值得一提的是，大数据分析还能够帮助企业在环境保护和可持续发展方面做出积极贡献。通过精准的资源分配，企业可以减少对环境的负面影响，实现绿色生产。这不仅符合现代企业的社会责任要求，也是企业实现长远发展的必然选择。

大数据分析在风险预测中扮演守护者的角色

在智慧矿山企业的运营中,安全始终是最为关键的因素。传统的风险预测和管理方式,虽然在一定程度上能够减少事故发生的可能性,但往往受限于人的经验和判断,难以全面、准确地掌握矿山生产中的各种风险。而大数据分析的引入,为风险预测和管理带来了革命性的变革。它不仅能够实时监控和预警矿山生产中的各种风险,还能够提供丰富的数据和洞察,帮助企业制定出更加科学、有效的风险管理策略。在智慧矿山企业中,大数据分析已经成为保障生产安全的重要工具和手段。

大数据分析通过对历史数据的深度挖掘和学习,能够构建出精准的风险预测模型。这些模型能够实时监控矿山生产环境和设备运行状况,一旦发现异常或潜在的安全隐患,就会立即发出预警,提醒企业及时采取应对措施。这种实时监控和预警机制,使得企业能够提前发现和处理安全问题,从而大大降低事故发生的概率。

此外,大数据分析还能够提供丰富的数据和洞察,帮助企业更深入地了解矿山生产中的各种风险因素和规律。通过对这些数据和洞察的深入分析,企业可以制定出更加科学、有效的风险管理策略,进一步提高矿山生产的安全性。

大数据分析驱动企业的决策优化与智能化转型

在智慧矿山企业的运营中,大数据分析在智慧矿山企业的决策支持、供应链管理和市场营销等方面发挥着重要作用,推动企业实现全面智能化转型。这种转型不仅优化了企业的内部运营,还增强了企业的市场竞争力和适应能力,为企业的长远发展注入了新的活力。

在决策支持方面,大数据分析通过提供全面、精准的数据洞察,改变了传统依赖经验和直觉的决策模式。数据驱动的决策过程使得企业能够更加科学、准确地制订战略和计划，从而提高决策效率和质量。这种转型不仅优化了企业的内部运营，还增强了企业对外部市场变化的响应速度和适应性。

在供应链管理方面，大数据分析通过对供应链各环节的数据进行深度分析，帮助企业实现供应链的精准管理和优化。企业可以更加准确地预测市场需求和供应链风险，及时调整库存和生产计划，降低库存成本和缺货风险。这种智能化转型不仅提高了供应链管理的效率，还有助于企业与供应商和客户建立更加紧密、高效的合作关系。

在市场营销方面，大数据分析通过对消费者行为、市场趋势等数据的分析，帮助企业制定更加精准、有效的营销策略。企业可以更加准确地了解消费者的需求和偏好，实现个性化营销和精准推送，提高营销效果和客户满意度。这种智能化转型不仅增强了企业的市场竞争力，还有助于企业建立更加稳定、忠诚的客户群体。

智慧矿山企业中数据安全与隐私保护面临的挑战及应对措施

在煤炭行业的数字化转型过程中，智慧矿山企业面临着前所未有的数据安全与隐私保护的挑战。随着技术的不断进步，煤炭行业正逐步实现从传统的生产模式向数字化、智能化的转变。然而，这一转变也带来了数据泄露、非法访问和滥用等安全隐患。通过采取合适的技术和管理措施，企业可以有效地应对这些挑战，确保数据的安全性和隐私性，为煤炭行业的数字化转型提供有力保障。

智慧矿山企业面临的主要挑战

智慧矿山企业面临的主要挑战之一是数据的复杂性。在矿山生产过程中，涉及大量的实时数据、历史数据和外部数据，这些数据不仅种类繁多，而且数量庞大。如何确保这些数据的完整性和准确性，防止数据被篡改或丢失，成为企业亟待解决的问题。

随着物联网、云计算等技术的应用，数据的传输和存储变得更为复杂。数据在传输过程中可能遭受截获、篡改等攻击，而在云端存储时也可能面临非法访问和数据泄露的风险。如何确保数据在传输和存储过程中的安全性，成为企业面临的另一大挑战。

智慧矿山企业需要采取的应战措施

为了应对智慧矿山企业在数据安全与隐私保护方面面临的上述挑战，企业应加强数据加密和身份验证技术的应用，建立健全的数据权限管理和监控机制，并加强员工的安全意识和培训。通过采取这些具体的应对措施，智慧矿山企业可以确保数据的安全性和隐私性，为企业的数字化转型提供有力保障。

加强数据加密和身份验证技术的应用是至关重要的。随着数据的不断增加和传输，确保数据在传输和存储过程中的安全性变得尤为重要。因此，智慧矿山企业应积极采用先进的加密技术，如对称加密、非对称加密等，确保数据在传输过程中不被截获或篡改。同时，通过实施身份验证技术，如多因素认证、数字证书等，确保只有经过授权的用户才能访问相关数据，防止未授权访问和数据泄露。

建立健全的数据权限管理和监控机制也是必不可少的。智慧矿山企业应对数据访问权限进行明确划分和管理，确保只有合适的人员才能够访问相关数据。通过制定详细的权限管理策略，如基于角色的访问控制

（RBAC）、最小权限原则等，可以确保数据的合法访问和使用。同时，建立数据监控和审计机制，通过定期的数据审计和监控，及时发现并应对潜在的安全威胁，保障数据的安全性和完整性。

除此之外，还应该加强员工的安全意识和培训。员工是企业数据安全的第一道防线，提高员工对数据安全和隐私保护的认识和应对能力，可以有效减少因人为失误导致的安全风险。智慧矿山企业应定期组织安全培训活动，包括数据安全意识的培训、安全操作规范的培训等，使员工充分认识到数据安全的重要性，并掌握正确的数据操作和处理方法。同时，通过定期的演练和模拟攻击，提升员工应对安全事件的能力，确保在发生安全事件时能够迅速、准确地应对。

第07章
智慧矿山企业的组织变革与人才培养

智慧矿山企业的组织变革与人才培养,涉及组织架构的调整与创新设计、数字文化的培育与传播、人才能力模型的构建、数字化人才的培养与储备,以及创新激励政策与产学研合作模式的推动,旨在全面优化企业组织结构与人才队伍,以适应智慧矿山建设的需求,提升企业的核心竞争力。

智慧矿山企业组织架构的调整与创新设计

随着智慧矿山建设的推进,传统的企业组织架构已难以适应智能化、数字化的生产需求。因此,智慧矿山企业亟须进行组织架构的调整与创新设计。这一变革的核心在于重新定义岗位职责,确保每个岗位都能充分发挥在智能化生产中的作用;优化工作流程,减少不必要的环节,提高工作效率;推行跨部门协作,打破部门壁垒,形成协同作战的工作机制。通过这些调整与创新,智慧矿山企业能够构建一个更加高效、灵活的组织架构,为企业的智能化转型提供有力支撑。这样的组织架构将更好地适应智慧矿山建设的需要,推动企业在数字化时代取得更大的发展。

岗位职责的重新定义与效能最大化

在智慧矿山企业组织架构的调整与创新设计中,核心要义在于对岗位职责的重新定义。这一变革并非简单的岗位名称或职责内容的微调,而是对每一个岗位在智能化生产体系中所扮演角色的深刻反思与重新定位。

传统的矿山企业组织架构往往基于过去的经验和管理模式,岗位职责相对固定,缺乏足够的灵活性和创新性。然而,在智慧矿山的建设过程中,随着技术的不断进步和应用场景的不断拓展,许多传统岗位的功能和定位已经发生了深刻的变化。这就要求我们重新审视每一个岗位,明确其在新的智能化生产体系中的价值和作用。

重新定义岗位职责,意味着要深入挖掘每个岗位在智能化生产中的潜能,确保它们能够充分发挥作用。这包括但不限于对岗位技能的重新定义、对工作流程的优化以及对岗位间协作关系的重新构建。通过重新定义岗位职责，我们不仅能够提高每个岗位的工作效率和效果，还能够促进整个组织架构的协同和整合，从而推动智慧矿山企业的整体发展。

因此，在智慧矿山企业组织架构的调整与创新设计中，重新定义岗位职责是变革的核心。只有通过深入反思和重新定位每个岗位在智能化生产中的角色和价值，才能构建一个更加高效、灵活和富有创新性的组织架构，为智慧矿山企业的未来发展提供有力支撑。

让工作流程去冗提效，激发组织活力

在智慧矿山企业的组织架构调整与创新设计中，优化工作流程是提升整体运营效率的关键所在。通过针对工作流程的去冗提效，不仅可以激发组织活力，提高运营效率，还能为企业的智能化转型奠定坚实基础。

传统矿山企业的工作流程往往烦琐复杂，存在着诸多冗余环节和低效操作。这不仅影响了工作效率，还可能成为阻碍企业智能化转型的障碍。因此，优化工作流程成为智慧矿山建设中不可或缺的一环。

要实现工作流程的优化，首先需要对企业现有的工作模式进行全面梳理。通过深入分析每个环节的价值和必要性，可以识别出那些低效、冗余的环节，并针对性地提出改进方案。这可能涉及工作流程的重新设计、信息技术的引入以及员工角色的重新定位等多个方面。

在优化过程中，注重简化工作流程、减少决策层级、提高信息传递效率是至关重要的。通过简化流程，可以缩短工作周期，减少等待时间，从而提高工作效率。同时，减少决策层级可以加快决策速度，提高决策的灵活性和准确性。而提高信息传递效率则可以确保信息的及时性和准确性，避免信息失真和延误。

此外，引入信息技术也是优化工作流程的重要手段。通过采用先进的

信息化管理系统和工具，可以实现工作流程的数字化和自动化，进一步提高工作效率和质量。

打破部门壁垒，构建协同作战新机制

在智慧矿山企业的组织架构调整与创新设计中，推行跨部门协作成为一项至关重要的任务。传统的组织架构中，部门间往往存在着明显的壁垒和隔阂，导致了信息不畅、资源浪费和协同效率低下等问题。因此，打破这些壁垒，构建协同作战的工作机制，对于智慧矿山企业的未来发展具有举足轻重的意义。通过打破部门壁垒、构建协同作战的新机制、建立激励和考核机制以及培养员工的协作意识和能力，可以推动智慧矿山企业实现更加高效、灵活和协同发展。

推行跨部门协作的核心在于打破部门间的界限和限制，促进信息的流通和共享。通过建立一个统一的信息平台或管理系统，各部门可以实时了解彼此的工作进展和需求，从而更加有效地协同作战。同时，通过定期的跨部门沟通和会议，可以加强部门间的了解和信任，形成共同的目标和愿景。

为了实现跨部门协作的顺利推行，智慧矿山企业还需要建立相应的激励和考核机制。通过设定明确的协同目标和指标，可以激发各部门参与协作的积极性和主动性。同时，通过定期的考核和评估，可以及时发现和解决协作中存在的问题和障碍，确保协同作战的顺利进行。

此外，推行跨部门协作还需要注重培养员工的协作意识和能力。通过培训和教育，使员工充分认识到协作的重要性和价值，掌握协作的技巧和方法。同时，通过营造积极向上的企业文化和氛围，可以进一步激发员工的协作精神和创造力。

数字文化在智慧矿山企业内部的培育与传播

随着智慧矿山建设的深入推进，数字文化已成为企业内部不可或缺的重要组成部分。数字文化的培育与传播不仅关乎员工的数字化素养，更是智慧矿山企业适应数字化转型、保持创新活力的关键所在。通过系统的培训与教育、搭建知识分享平台、实施激励措施等多方面的努力，智慧矿山企业可以塑造出独特的数字文化，为企业的创新发展和数字化转型提供不竭动力。

数字文化的培育应从教育与培训开始

随着智慧矿山建设的深入推进，数字文化已经成为企业内部发展的核心动力。而要推动这种文化的落地生根，首要任务便是从员工的教育与培训入手。这意味着，我们需要制订一套系统的数字化培训计划，确保每一位员工都能够掌握基础的数字化技能。这些技能包括但不限于数据分析、云计算应用等，它们将成为员工在智慧矿山企业中工作的必备工具。

但技能培训仅仅是冰山一角，数字文化的培育还需要我们关注员工思维模式的转变。数字思维不仅仅是一种技能，更是一种全新的视角和解决问题的方法。因此，在培训过程中，我们必须强调数字思维的培养，使员工能够习惯性地运用数字化视角去分析和解决问题。这种思维的转变将极大地推动智慧矿山企业的创新与发展。

通过教育与培训的结合，可以有效地提升员工的数字化技能，同时促进他们思维模式的转变。这将是智慧矿山企业数字文化培育的关键一步，也是我们推动企业内部数字化转型的重要基石。在这个过程中，员工将逐渐适应并融入数字文化中，成为推动智慧矿山企业发展的核心力量。

数字文化的传播应构建共享与交流平台

数字文化的传播是智慧矿山企业内部转型的重要组成部分，它要求企业在多个层面上进行深入的推广与实践。其中，搭建内部知识分享平台是一个关键步骤。通过这样一个平台，员工可以自由地分享他们在数字化实践中的经验和心得，无论是数据分析的技巧、云计算应用的体会，还是数字思维在日常工作中的具体应用。这种分享不仅有助于形成企业内部积极的数字化学习氛围，更能促进不同部门间的交流与合作，打破传统部门壁垒，实现信息的自由流通。

为了进一步激发员工的创新热情，推动数字文化在企业内部的深入发展，智慧矿山企业可以举办各种数字化创新大赛。这些大赛为员工提供了一个展示自己数字化才能的舞台，同时也为企业发掘和培养数字化人才提供了机会。此外，设立数字化转型先锋岗也是一种有效的激励方式。通过树立这些岗位上的优秀员工为榜样，可以鼓励更多的员工投身到数字化转型的实践中去。

当然，仅仅依靠员工的自觉性和热情是不够的，为了确保数字文化的有效传播，智慧矿山企业还需要制定相应的激励措施。这些措施可以包括物质奖励，如为在数字化转型中表现突出的员工提供额外的奖金或晋升机会；也可以包括精神奖励，如颁发荣誉证书、组织内部表彰大会等。通过这些奖励，企业可以树立数字化转型的正面形象，激发更多员工的参与热情，从而推动数字文化在企业内部的广泛传播和深入发展。

依据智慧矿山建设要求构建企业人才能力模型

随着智慧矿山建设的不断深入,企业对人才的需求也在发生深刻变化。为满足智能化、数字化的转型要求,矿山企业需要构建一套全面而系统的人才能力模型。这一模型的构建是一个系统性、全面性的过程。通过注重技术技能、数据分析、创新能力和团队协作等方面的能力培养与发展,企业可以打造一支适应智慧矿山建设要求的高素质人才队伍,为企业的数字化转型和可持续发展提供有力保障。

培育技术人才,迎接技术挑战

随着智慧矿山建设的逐步深入,技术技能的掌握与运用已成为企业持续发展的关键所在。在这一背景下,培养具备现代化矿山设备操作、维护和管理能力的技术人才显得尤为重要。这些人才不仅要能够熟练应对传统矿山设备的操作和维护,更要掌握矿山自动化、信息化、智能化等关键领域的前沿技术。

矿山自动化作为智慧矿山建设的重要组成部分,对于提高生产效率、降低运营成本具有重要意义。因此,技术人才需要深入理解矿山自动化的原理和应用,掌握相关设备和系统的操作与维护技能。同时,随着信息技术的快速发展,矿山信息化已成为提高矿山管理和决策水平的重要手段。技术人才需要具备一定的信息技术素养,能够熟练应用各种信息系统,实现数据的采集、处理和分析。

而在智慧矿山建设的更高层次,智能化技术的应用将成为未来矿山发展的必然趋势。这就要求技术人才不仅要掌握智能化技术的基本原理，还要具备将智能化技术应用于矿山实际生产的能力。这包括智能装备的研发、智能控制系统的设计，以及智能化生产流程的优化等方面。

面对智慧矿山建设中遇到的各种技术挑战，技术人才需要不断学习和更新自己的知识体系，以适应技术的快速发展和变化。同时，企业也应为技术人才提供充分的培训和发展机会，帮助他们不断提高自己的技术水平和综合素质。只有这样，才能确保智慧矿山建设的顺利进行，为企业的可持续发展提供有力保障。

强化数据分析能力，助力智能化决策

在智慧矿山企业的数字化转型中，数据分析能力已经成为企业人才能力模型中的核心要素。这是因为，随着企业运营的数字化，海量的数据源源不断地产生，如何有效地采集、整理和分析这些数据，从中提取出有价值的信息，进而指导企业的决策，已经成为智慧矿山企业面临的重要挑战。

具备数据分析技能的人才队伍，是应对这一挑战的关键。他们不仅需要掌握先进的数据分析工具和方法，还需要具备深厚的业务知识和敏锐的洞察力，能够准确地理解数据背后的业务逻辑和市场趋势。只有这样，才能从海量的数据中提炼出有价值的信息，为企业的智能化决策提供有力的支持。

为了培养这样的人才队伍，智慧矿山企业需要加大对数据分析技能的培训和投入。这包括提供系统的数据分析课程和实战项目，让员工在实践中不断提升自己的数据分析能力。同时，企业还需要建立一种鼓励创新和探索的文化氛围，让员工敢于挑战传统思维，用数据说话，为企业的发展贡献新的思路和方法。

通过强化数据分析能力，智慧矿山企业不仅能够更好地应对数字化转型的挑战，还能够在激烈的市场竞争中脱颖而出，实现可持续发展。因此，数据分析能力的提升，已经成为智慧矿山企业人才培养和发展的重要方向。

激发创新潜能，塑造未来竞争力

在智慧矿山企业的发展中，创新能力被视为推动持续进步和领先市场的核心动力。随着市场的快速变化和技术的日新月异，企业不仅需要对现有技术和业务模式进行持续优化，更需要勇于打破传统思维，积极探索创新的发展路径。

具备创新思维和创新能力的人才，在智慧矿山企业中扮演着至关重要的角色。他们不仅具备深厚的专业知识和技能，更重要的是，他们拥有敢于挑战现状、不断探索未知的精神。这类人才能够敏锐地捕捉市场变化和技术趋势，为企业带来新的发展思路和机会。

为了激发员工的创新潜能，智慧矿山企业需要营造一个开放、包容、鼓励创新的文化氛围。在这样的环境中，员工可以自由地表达自己的观点和想法，与同事进行深入的交流和碰撞，从而激发出更多的创新火花。同时，企业还需要为员工提供充足的创新资源和支持，如创新基金、研发平台等，帮助他们将创新想法转化为实际的产品和服务。

通过激发创新潜能，智慧矿山企业不仅能够更好地适应市场的快速变化，还能够持续推出领先的技术和产品，从而塑造企业的未来竞争力。在这个充满变革和机遇的时代，创新能力已经成为智慧矿山企业不可或缺的核心能力。

强化团队协作，共筑发展合力

在智慧矿山建设的征途中，团队协作能力的培养显得尤为重要。随着技术的不断进步和应用的日益广泛,跨部门、跨领域的协作已成为智慧矿山建设的常态。这种协作不仅要求团队成员具备各自领域的专业知识和技能,更需要他们具备良好的沟通能力和团队协作精神。

良好的沟通能力是团队协作的基础。在智慧矿山建设中,不同部门和领域的人员需要频繁地交流和协作。他们需要通过清晰、准确的语言来传达自己的想法和意图,同时也需要倾听和理解他人的观点和需求。只有这样,才能确保信息的顺畅传递和工作的有效推进。

团队协作精神则是团队协作的保障。在智慧矿山建设中,团队成员需要相互信任、相互支持,共同面对挑战和解决问题。他们需要发挥自己的优势,相互补充,形成合力,共同推动智慧矿山建设的顺利进行。

为了培养具备良好的沟通能力和团队协作精神的人才,智慧矿山企业需要注重团队建设和员工培训。他们可以通过定期的团队建设活动来增强团队的凝聚力和向心力,通过专业的培训课程来提升员工的沟通能力和团队协作精神。同时,企业还需要建立一种鼓励协作和创新的文化氛围,让员工在协作中不断成长和进步。

智慧矿山背景下企业数字化人才的培养与储备机制建设

在智慧矿山背景下,企业数字化人才的培养与储备机制建设显得尤为重要。这是因为智慧矿山的建设与运营需要一支具备高度数字化技能和专业知识的团队来支撑。通过明确人才培养目标、建立多元化的人才培养模式、完善人才储备机制、强化人才评价与反馈、注重实践与应用等方面的努力，企业可以培养出一支具备高度数字化技能和专业知识的团队，为智慧矿山的建设和运营提供有力的人才保障。

智慧矿山下的企业数字化人才培养与储备策略

在智慧矿山这一背景下，企业的数字化转型不仅是一个技术进步的体现，更是发展战略的重要组成部分。数字化转型的成功与否，直接关系到企业的竞争力和未来发展。因此，培养与储备数字化人才成为企业转型过程中的核心任务。

为了确保这一任务的有效执行，企业首先必须明确数字化人才的培养目标。这些目标不仅包括专业技能的掌握，如数据分析、物联网技术、人工智能等，还需要关注人才的知识结构和实践经验。通过与高校建立紧密的合作关系，企业可以及时了解最新的行业发展趋势和人才需求，进而调整和优化自身的培养计划。同时，市场调研也是不可或缺的一环，它能够帮助企业更准确地把握市场脉搏，确保所培养的数字化人才能够真正满足企业的实际需求。

在这一过程中，高校和企业之间的合作显得尤为重要。高校作为人才培养的摇篮，拥有丰富的教育资源和研究实力，而企业则提供了实践平台和职业发展机会。通过校企合作，可以实现资源共享、优势互补，共同推动数字化人才的培养进程。

构建全方位、多层次的数字化人才培养模式

在智慧矿山迅速发展的当下，企业对于数字化人才的需求日益迫切。为了满足这一需求，建立多元化的人才培养模式显得尤为重要。通过校企合作、内部培训以及外部人才引进等多种方式，企业可以打造一支高素质、专业化的数字化人才队伍，为智慧矿山的建设和发展提供有力保障。

通过与高校建立紧密的合作关系，企业能够充分利用高校的教育资源和研究优势，共同开设矿山数字化相关专业课程。这不仅有助于为学生提供实践机会，培养他们的实际操作能力，同时也能够吸引更多优秀的毕业生加入企业，为企业的数字化转型注入新鲜血液。

设立针对性的数字化培训项目也是人才培养的关键一环。企业可以根据自身需求，设计涵盖数据分析、物联网技术、人工智能等多个领域的培训课程。通过这些培训项目，员工可以系统地提高自己的数字化技能水平，更好地适应智慧矿山的发展需求。

积极引进外部人才同样不可忽视。具备丰富经验和专业技能的外部人才，能够为企业带来全新的思维方式和创新理念。通过引进这些人才，企业可以迅速提高自身的数字化水平，并在激烈的市场竞争中占据有利地位。

构建人才储备机制，为企业提供人才保障

在智慧矿山的建设中，企业不仅需要有数字化人才，更需要一个完善的人才储备机制，以确保企业持续的创新力和竞争力。完善的人才储备机制不仅仅是简单的招聘和储备，它更是一个系统工程，包括人才的识别、培养、激励和梯队建设等多个方面。具体来说，通过建立人才库、制定人才晋升和激励机制以及加强人才梯队建设，企业可以确保自己拥有一支高素质、稳定的人才队伍，为企业的长远发展提供坚实的人才支撑。

建立人才库是关键。这意味着企业要将那些具备数字化技能和潜力的人才集中管理，形成一个高效的人才资源库。这不仅能够帮助企业更快速地找到合适的人才，还能够实现人才资源的有效整合和共享，避免资源的浪费。

制定明确的人才晋升和激励机制至关重要。只有当员工看到自己在企业中的发展前景和激励，他们才会更加努力地提升自己的数字化能力。因此，企业需要为员工设定清晰的晋升通道，并提供与之匹配的激励措施，

如薪酬提升、职位晋升等，以鼓励员工不断追求进步。

加强人才梯队建设也是不可或缺的一环。通过实施轮岗、导师制等制度，企业可以培养一批既具备数字化技能，又拥有领导力和团队协作能力的复合型人才。这些人才将成为企业未来发展的中坚力量，为企业的持续发展提供坚实的人才保障。

精准把握人才脉络，强化评价与反馈机制

在智慧矿山背景下，数字化人才的培养与储备不仅是企业发展战略的核心，更是持续提升竞争力的关键。为了确保人才培养和储备机制的有效性，企业必须建立一套科学、全面的人才评价体系。这一体系不仅要涵盖专业技能、知识结构、实践经验等多维度评价内容，还要注重客观、公正的评价标准，确保每一位数字化人才都能得到准确的评价。

同时，企业还应建立人才反馈机制，通过定期的员工调研、座谈会等方式，及时了解员工的培训需求和职业发展规划。这种反馈机制不仅可以帮助企业更好地了解员工的成长需求，还能为完善人才培养和储备机制提供宝贵的参考。例如，根据员工的反馈，企业可以调整培训课程的内容，使其更加贴近实际工作需求；或者优化晋升通道，为员工提供更多的职业发展机会。

实践与应用是数字化人才培养的核心

在智慧矿山背景下，数字化人才的培养不仅仅是理论知识的传授，更重要的是实践与应用能力的培养。理论知识是基础，但真正能够推动企业发展、解决实际问题的，是那些能够将理论知识转化为实践技能的员工。

为了实现这一目标，企业应该为数字化人才提供丰富的实践机会。这包括参与实际项目，让员工在实际操作中熟悉和掌握数字化技术；进行案

例分析，让员工从过去的经验和案例中汲取智慧和启示；还有模拟演练，通过模拟真实的工作环境和问题，锻炼员工的问题解决能力和应变能力。

通过这些实践与应用的方式，企业能够确保数字化人才不是纸上谈兵，而是真正的实战高手。这样的员工不仅能够更好地适应智慧矿山的工作环境，还能够为企业创造更多的价值，推动企业的持续发展和创新。因此，注重实践与应用，是数字化人才培养过程中不可或缺的一环。

创新激励政策与产学研合作模式推动智慧矿山人才队伍建设

随着智慧矿山建设的不断深入，企业对于人才的需求越发迫切，特别是在数字化、智能化领域。为了推动这一领域的人才队伍建设，创新激励政策和产学研合作模式显得尤为重要。通过这两个方面的努力，企业可以吸引和留住更多的优秀人才，激发他们的创新潜能和工作热情，为智慧矿山的建设和发展提供有力的人才保障。

激发创新热情，打造激励环境

在智慧矿山建设中，人才是推动创新发展的核心动力。为了充分释放这一潜力，创新激励政策显得尤为关键。这些政策不仅直接作用于人才的内在动力，更在构建企业文化、塑造工作环境等方面发挥了不可替代的作用。通过设立技术创新奖励、提供研发经费支持、建立公平的晋升通道以及提供多样化的培训和学习机会等措施，企业可以营造一个充满激励的工作环境，激发员工的创新潜能和工作热情，为智慧矿山的发展注入源源不断的动力。

创新激励政策的核心在于为人才创造一个充满机会与挑战的工作环境。通过设立技术创新奖励，企业明确传达了对创新的重视与期待，从而鼓励员工勇于探索、敢于尝试。这种奖励机制不仅是对员工个人能力的认可，更是对他们所付出努力与汗水的肯定。当员工看到自己的创新成果得到企业的认可与奖励时，他们的工作热情和创新潜能将被进一步激发。

同时，提供研发经费支持是创新激励政策的又一重要举措。这不仅能够保障研发项目的顺利进行，还能够为员工提供足够的资源和平台，让他们能够全身心地投入到创新工作中。这种支持不仅是对员工工作的一种保障，更是对他们创新能力的一种信任与期待。

建立公平的晋升通道也是创新激励政策的重要组成部分。当员工看到自己在企业中有明确的晋升通道和广阔的发展空间时，他们的工作积极性和创造力将被进一步激发。这种公平的晋升机制不仅能够吸引更多的外部人才加入，还能够激发内部人才的潜力，形成良性的人才竞争环境。

除此之外，提供多样化的培训和学习机会也是创新激励政策的重要一环。企业可以通过组织内部培训、外部研讨会、在线课程等多种方式，帮助员工不断提升自身的技能和知识水平。这样不仅能够满足员工个人成长的需求，还能够为企业培养更多具备高度专业素养和创新能力的人才，为智慧矿山的发展提供有力的人才保障。

产学研合作是创新引擎与人才宝库

在智慧矿山建设的浪潮中，产学研合作模式如同一座桥梁，将企业与外部研究机构和高校紧密相连。这一合作模式不仅为企业带来了丰富的创新资源和人才储备，更为其长期发展注入了源源不断的活力。

通过与研究机构和高校的合作，智慧矿山企业能够接触到最前沿的技术研究和行业动态。这些机构通常拥有丰富的科研资源和人才优势，可以为企业提供技术支持和创新思路。企业可以借助这些资源，加快技术研发的进度，提高产品的竞争力和市场占有率。

同时，产学研合作模式也为智慧矿山企业提供了人才培养的新途径。通过与高校和研究机构的合作，企业可以参与到人才培养的过程中，为学生提供实践机会和职业发展指导。这种合作模式不仅能够吸引更多优秀的人才加入企业，还能够提升员工的专业素养和技能水平，为企业的持续发展提供坚实的人才保障。

此外，产学研合作模式还能够促进企业与高校和研究机构之间的知识转移和成果转化。通过共同开展技术研发和人才培养活动，企业可以将自身的技术需求和市场需求与高校和研究机构的科研成果相结合，实现科技创新和产业升级。这种合作模式不仅有助于推动智慧矿山技术的快速发展，还能够为企业带来更多的商业机会和经济效益。

第08章
智慧矿山企业的行业协同与产业链升级

　　智慧矿山产业升级涉及多个核心议题：煤炭产业链的智慧化协同、企业互联网平台的搭建与效能提升、传统煤炭供应链的智慧化转型、数字化技术推动绿色低碳矿山建设，以及跨界融合与共创共享构建新型数字生态。这些议题共同推动智慧矿山行业的全面升级与发展。

煤炭产业链智慧化协同的发展趋势与战略价值

当前,煤炭产业链智慧化协同已成为智慧矿山企业发展的必然趋势。它不仅提高了生产效率和竞争力,更为产业的转型升级和可持续发展注入了新的动力。而智慧化协同则使各企业能够更精准地把握市场需求,优化资源配置,实现产业链的可持续发展。同时,智慧化协同还有助于提高煤炭产业的整体安全水平,减少事故风险,保障人民生命和财产安全。

智慧矿山驱动煤炭产业链智慧化协同新趋势

随着科技的日新月异,智慧矿山企业正迎来煤炭产业链智慧化协同的崭新阶段。这种协同不仅仅是一个简单的技术应用,更是一种产业升级的必然趋势。物联网技术的普及使得矿山设备可以实时联网,大数据的运用则让矿山企业能够实时分析生产数据,而人工智能的加入则让决策更加智能、精准。通过这些前沿技术的结合,智慧矿山企业得以与煤炭产业链上的各个环节实现紧密协同,从煤炭的开采、加工到销售,每一环节都紧密相连,形成了一个高效的生产销售网络。

这种智慧化协同不仅提高了生产效率,减少了资源浪费,更在深层次上改变了煤炭产业的生产模式。通过数据的实时共享和分析,企业可以更加准确地预测市场需求,优化资源配置,减少无效生产。这不仅降低了运营成本,还提高了整体竞争力,使得智慧矿山企业在市场竞争中占据更有利的位置。

同时，智慧化协同也为煤炭产业带来了深远的战略价值。它推动了煤炭产业的转型升级，使得产业链上的各个环节都能够受益。更重要的是，通过数据的整合和分析，企业可以更加全面地了解整个产业链的运行状况，发现潜在的风险和问题，从而及时采取措施进行改进。这不仅提高了产业的整体安全水平，也为产业的可持续发展奠定了坚实的基础。

智慧化协同推动煤炭产业链升级与可持续发展

智慧化协同不仅是智慧矿山企业转型升级的关键，更承载着推动整个煤炭产业链跃升的重大使命。当数据在产业链各环节间自由流动与高效整合时，企业对于市场脉搏的把握能力将大幅提升，从而能够做出更为精准的战略决策。这种基于数据的决策模式，使得资源配置更为优化，生产流程更为高效，进而推动了产业链的可持续发展。

更为重要的是，智慧化协同为煤炭产业的安全生产筑起了坚固的屏障。通过实时全方位大数据采集和处理、监控、预警和智能分析，企业能够及时识别潜在的安全风险，并采取有效措施进行管控，及时消除事故隐患，从而大大降低了事故发生的概率。这不仅保障了矿工的生命安全和企业财产损失，也确保了煤炭产业的稳健运行，为员工家庭幸福、社会的和谐稳定作出了积极贡献。

因此，智慧化协同的战略价值不仅体现在智慧矿山企业自身的转型升级上，更在于它对整个煤炭产业链的深远影响。它不仅是技术进步的体现，更是产业发展理念的升华，为煤炭产业的未来注入了强大的活力与希望。

智慧矿山生态下的企业互联网平台搭建与效能提升

在智慧矿山生态下，企业互联网平台的搭建与运营已经成为提升整体效能、加强合作和推动生态系统发展的关键举措。搭建智慧矿山生态下的企业互联网平台需要明确目标与定位、技术选型与架构设计、数据整合与共享等多方面的考虑。而提升平台的效能则需要持续优化与升级、培训与人才储备、合作与生态构建、数据驱动决策与优化以及监测与评估机制等多方面的努力。通过这些措施的实施，可以推动智慧矿山生态的发展，实现企业的持续创新和高效运营。

智慧矿山生态下的企业互联网平台搭建策略

在智慧矿山生态系统中，企业互联网平台的搭建是提高整体运营效率、加强内外部协作以及推动生态系统发展的关键环节。搭建智慧矿山生态下企业互联网平台需要明确目标与定位、选择合适的技术与架构、实现数据整合与共享、注重用户体验与界面设计以及加强安全与风险管理。通过遵循这些策略性步骤，可以确保平台的成功搭建，为智慧矿山生态系统的持续发展提供有力支持。

为确保平台的成功搭建，应首先明确平台的建设目标与定位。这涉及对生产效率的提高、供应链管理的优化以及内外部沟通的加强等核心目标的清晰认识；同时，要确保平台在智慧矿山生态系统中的定位与企业的整体战略相契合，从而确保平台的长期价值。

技术选型与架构设计是搭建平台的基础。根据智慧矿山的具体业务需求，选择云计算、大数据、物联网等前沿技术，可确保平台的技术先进性和适用性；同时，设计合理的平台架构，可保证系统的稳定性、可扩展性和安全性，为平台的长期运行提供保障。

数据整合与共享是平台搭建的核心环节。通过实现企业内部各部门以及供应链上下游企业之间的数据整合与共享，打破信息孤岛，确保信息的实时性和准确性。这不仅能够提高企业的决策效率，还能够加强供应链协同，提升整体竞争力。

用户体验与界面设计同样是不可忽视的方面。一个直观、友好的操作界面能够提升用户的满意度和使用意愿。同时，提供个性化服务和定制化功能，满足不同用户的需求，增强平台的吸引力和竞争力。

安全与风险管理是保障平台稳定运行的关键。加强平台的安全防护，确保数据安全和隐私保护。同时，建立风险管理机制，及时应对可能的技术风险、安全风险和市场风险，确保平台的持续稳定运行。

智慧矿山生态下的企业互联网平台如何效能提升

智慧矿山生态下企业互联网平台效能提升的关键路径包括持续优化与升级、培训与人才储备、合作与生态构建、数据驱动决策与优化以及监测与评估机制。通过这些关键路径的实施，可以有效推动平台效能的不断提升，为智慧矿山生态系统的持续发展和竞争力增强提供有力支撑。

持续优化与升级是提升平台效能的基础。通过对平台性能的定期评估和优化，确保系统始终保持高效运行状态；同时，紧密关注业务需求和技术发展趋势，及时进行平台的升级和功能扩展，以满足不断变化的市场需求和技术挑战。

培训与人才储备是提升平台效能的关键。加强员工对平台的培训和教育，提高操作水平和使用效率，确保员工能够充分利用平台的功能和优势。同时，积极储备和培养具备相关技术背景和行业经验的人才，为平台的持续发展提供强有力的高层次技术和管理人才支持。

合作与生态构建是提升平台效能的重要途径。积极与供应商、客户等合作伙伴建立紧密的合作关系，共同推动智慧矿山生态的发展。通过合作创新和资源共享，实现整个生态系统的效能提升，形成互利共赢的合作关系。

数据驱动决策与优化是提升平台效能的核心。利用平台积累的数据资源，进行深度分析和挖掘，为企业的战略决策和业务优化提供有力支持。通过数据驱动的管理和决策，实现企业的持续改进和创新发展，推动平台效能的不断提升。

监测与评估机制是提升平台效能的重要保障。建立平台运行的监测与评估机制，及时发现和解决潜在问题。通过定期的性能评估和用户反馈，不断优化平台的功能和服务质量，确保平台始终处于高效、稳定和可靠的运行状态。

利用前沿技术改造传统煤炭供应链，实现整体智慧化转型

随着科技的飞速发展，物联网、人工智能和区块链等前沿技术正逐渐渗透到各个行业领域，煤炭行业亦不例外。传统的煤炭供应链面临着诸多挑战，如信息不对称、效率低下、透明度不足等。智慧矿山企业应积极

拥抱新技术，不断创新和探索，为煤炭行业的可持续发展注入新的动力。为此，通过利用物联网、人工智能、区块链等前沿技术改造传统煤炭供应链，不仅可以提高供应链的可视性、透明度和效率，还可以实现整体的智慧化转型，推动产业链的升级和发展。

物联网技术重塑煤炭供应链

煤炭行业引入物联网技术，将为企业带来了革命性的变革。通过部署传感器和设备，物联网技术能够实现对煤炭生产、运输、销售等全过程的实时监控和数据采集。这意味着企业可以实时掌握煤炭的数量、质量、位置等关键信息，确保供应链的透明度和可追溯性。这种透明度的提升不仅增强了企业内部管理的效率，也为供应链中的合作伙伴提供了更加准确和及时的信息，促进了供应链的协同运作。

更重要的是，物联网技术结合数据分析，使得企业能够更加精准地预测市场需求。通过对历史数据的挖掘和对实时数据的分析，企业可以洞察市场趋势，优化生产计划和库存管理。这种数据驱动的决策方式，不仅提高了供应链的响应速度和灵活性，也有效降低了库存成本和运营风险。

因此，物联网技术的应用不仅为煤炭行业带来了实时监控的便利，更推动了供应链向数据驱动、智能决策的方向转型。这种转型不仅提升了煤炭企业的竞争力，也为整个行业的可持续发展注入了新的活力。

人工智能助力煤炭供应链

人工智能技术在煤炭供应链中的应用，为企业带来了前所未有的智能化决策支持。通过机器学习、深度学习等先进技术，煤炭企业可以对海量的数据进行深度处理和分析，挖掘出潜在的规律和趋势，为企业的战略和运营决策提供坚实的科学依据。

具体而言，人工智能技术能够精准预测煤炭价格走势。通过对历史价格数据的学习和分析，机器学习模型能够识别出影响价格的关键因素，从而为企业制定更加合理的定价策略提供有力支持。这不仅有助于企业规避市场风险，还能在价格波动中抓住商机，实现利润最大化。

此外，人工智能技术还能够优化运输路线，提高物流效率。通过广泛信息收集深度学习和大数据分析，企业可以精准计算出煤炭从产地到消费地的最佳运输路径，降低运输成本和时间成本。这不仅有助于提升企业的服务质量和客户满意度，还能在激烈的市场竞争中赢得先机。

更重要的是，人工智能技术能够助力企业提高生产效率。通过对生产过程中的各项数据进行实时监控和分析，企业可以及时发现生产瓶颈和问题，并采取相应的措施进行调整和优化。这不仅能减少资源浪费和降低生产成本，还能提升产品质量和企业竞争力。

区块链技术加固煤炭供应链

在煤炭供应链中引入区块链技术，如同为整个体系加上了一道坚不可摧的防护锁。这一技术的核心在于其不可篡改的数据记录和验证机制，它为供应链数据提供了前所未有的真实性和可信度。在传统的供应链中，数据篡改和伪造的风险始终存在，这不仅损害了企业的利益，也破坏了供应链各方的信任基础。而区块链技术的出现，使得每一笔交易、每一次物流变动都被永久地、不可更改地记录在区块链上，确保了数据的完整性和真实性。

更重要的是，区块链技术不仅仅是数据的守护者，更是供应链各方建立信任的桥梁。通过智能合约和共识机制，区块链技术可以促进供应链各方的透明沟通和协作，确保各方在平等、公正的环境下进行交易和合作。这种信任的建立，不仅有助于减少供应链中的摩擦和纠纷，更能推动供应链的协同发展和共赢。

因此，区块链技术在煤炭供应链中的应用，不仅提高了数据的真实性和可信度，更促进了供应链各方的信任协作。随着技术的进一步发展和普及，我们有理由相信，区块链技术将为煤炭行业带来更加深远和广泛的影响，推动整个行业的转型升级和可持续发展。

数字化技术引领绿色低碳智慧矿山建设的发展策略

在绿色低碳经济发展的时代背景下，智慧矿山企业应将数字化技术作为核心驱动力，推动绿色低碳智慧矿山的建设。数字化技术不仅为矿山带来了高效、精准的生产方式，更在推动可持续发展和环保目标方面展现出巨大潜力。接下来，将讨论数字化技术在这一领域中的具体应用，并解释它如何引领绿色低碳智慧矿山建设。

数字化技术引领绿色低碳智慧矿山建设

数字化技术在矿山行业的应用可以引领绿色低碳智慧矿山建设。通过物联网、大数据分析、人工智能、虚拟现实和增强现实等技术的应用，可以实现对矿山资源的优化利用、环境的监测和控制以及安全管理的提升。这些数字化技术可以帮助矿山实现能源和资源的高效利用，减少碳排放和环境污染，提高生产效率和资源利用率，同时提高安全管理水平。

物联网技术可以通过传感器和设备的网络连接，实现对矿山各个环节的实时监测和数据采集。例如，可以使用传感器监测和优化能源消耗、水资源利用、排放控制等方面的数据，以实现能源和资源的高效利用，减少环境影响。通过对矿山运营数据的收集和分析，可以提取有价值的信息和见解，帮助优化生产流程和决策制定。大数据分析可以帮助矿山管理者更好地了解能源消耗模式、环境影响因素等，并采取相应的措施来减少碳排放和环境风险。人工智能和机器学习技术可以应用于矿山的自动化和智能化管理。例如，可以使用AI算法对矿山的能源系统进行优化，实现低碳能源的使用和碳排放的减少。此外，AI还可以用于预测和优化生产规划，提高生产效率和资源利用率。虚拟现实（VR）和增强现实（AR）技术可以用于培训和仿真，提高矿工的技能水平和安全意识。通过虚拟现实技术，矿工可以在安全的环境中进行模拟操作和培训，减少事故风险。

这些数字化技术主要是通过资源优化、环境监测和控制、安全管理等方式来引领绿色低碳智慧矿山建设。数字化技术可以帮助实现矿山能源和资源的优化利用。通过实时监测和大数据分析，可以识别能源消耗的瓶颈和浪费，并采取相应的措施进行优化。例如，通过智能化的能源管理系统，可以实现能源的精细化控制和节约，降低碳排放。数字化技术可以实现对矿山环境的实时监测和控制。通过物联网和传感器技术，可以收集环境参数的数据，并及时采取措施来减少环境污染和生态破坏。例如，可以实时监测矿山排放的气体和污水，并采取措施进行治理和减排。数字化技术可以提高矿山的安全管理水平。通过虚拟现实和增强现实技术，可以进行安全培训和模拟演练，提高矿工的安全意识和应急能力。此外，通过智能化的监测和预警系统，可以及时发现和应对潜在的安全风险。

推动数字化技术引领的策略与措施

数字化技术的应用可以实现资源的高效利用、环境的保护和可持续发展，为矿山行业的可持续发展注入新的活力。为此，企业可以采取以下策略和措施，推动数字化技术在矿山行业的广泛应用，引领绿色低碳智慧矿山建设。

政府、企业和研究机构需要加强合作，推动数字化技术在矿山行业的技术创新和研发。通过共同努力，提高技术水平和应用能力，加速数字化技术的发展和应用。政府可以提供资金支持和政策激励，企业可以积极参与研发合作，研究机构可以提供专业知识和技术支持，共同推动数字化技术的创新和应用。

加强数据共享和合作是实现绿色低碳智慧矿山建设的关键。矿山企业可以共享数据，与技术提供商和专业机构合作，共同开发数字化解决方案。通过数据的共享和整合，可以实现对矿山运营、环境影响等方面的全面监测和分析，为决策提供科学依据，促进绿色低碳智慧矿山的建设。

政府可以制定支持数字化技术在矿山行业应用的政策和标准。政策支持可以包括资金扶持、税收优惠、减少行政审批等方面，为技术创新和推广提供支持和指导。此外，制定统一的标准和规范可以促进数字化技术的应用和交流，提高整个行业的效率和安全水平。

加强数字化技术人才的培养和引进，提供相关培训和教育，是推动绿色低碳智慧矿山建设的重要举措。矿山从业人员需要具备数字化技术的应用能力和创新意识。政府、企业和教育机构可以共同合作，培养和引进数字化技术人才，提供相应的培训和教育，提高矿山从业人员的数字化技术应用水平。

建立健全的监管机制，加强对数字化技术在矿山行业应用的监管和评估，是确保其安全、可靠和可持续发展的重要措施。监管机构应建立相关政策和法规，确保数字化技术的应用符合环保、安全和可持续发展的要求。同时，定期进行评估和监测，及时发现和解决潜在的问题，保障数字化技术在矿山行业的良好运行和应用效果。

跨界融合与共创共享,构建智慧矿山产业新型数字生态

在当今数字化时代,智慧矿山企业需要更加积极地追求跨界融合与共创共享,以构建新型的数字生态,推动产业的协同发展和创新驱动。通过与其他行业的合作,智慧矿山企业可以获取更多的资源和创新能力,提升自身的竞争力和可持续发展能力。同时,共享资源和共建平台可以促进产业间的协同发展,形成更加完整和高效的数字生态系统,以推动矿山产业朝着更加智能、绿色和可持续的方向发展,实现资源的高效利用和环境的保护。

跨界合作与创新的驱动力

在构建智慧矿山产业新型数字生态的过程中,跨界合作与创新是推动企业发展的重要驱动力。智慧矿山企业可以与其他行业进行合作,共同探索创新机会,从而提高生产效率、推动绿色矿山建设和实现可持续发展。

通过与信息技术企业的合作,智慧矿山企业可以开发智能感知设备和大数据分析技术。这些技术的应用可以提升矿山的生产效率和安全性,实现更精准的资源开采和运营管理。同时,与环保领域的企业合作可以推动绿色矿山的建设。通过共同研发环保技术和资源循环利用方案,矿山企业可以减少环境影响,实现可持续发展和资源的可持续利用。

此外,与金融机构合作可以开展智能供应链金融服务,为矿山企业提

供资金支持和风险管理。通过数字化技术的应用，可以实现供应链的高效协同和可持续发展。金融机构可以通过智能供应链金融服务为矿山企业提供灵活的融资方案，降低企业融资成本，促进矿山产业的可持续发展。

跨界合作与创新不仅可以为智慧矿山企业带来技术和资源的支持，还能促进不同行业之间的跨界融合和知识共享。这种跨界合作可以激发创新的火花，推动产业的协同发展和创新驱动。通过共同探索创新机会、整合资源和共享知识，智慧矿山企业可以不断提升自身的竞争力和可持续发展能力。

资源共享与协同发展的新路径

智慧矿山企业通过资源共享与协同发展，与其他企业实现互利共赢，从而降低成本、提高效率，实现资源的最优配置。这种合作模式不仅可以推动智慧矿山的可持续发展，还能够构建更加高效、可持续的数字生态系统。

智慧矿山企业与能源公司的合作是一个重要方面。通过共享能源供应和管理技术，智慧矿山可以实现矿山能源的高效利用和低碳排放。能源公司可以为矿山企业提供可再生能源和优化能源供应链的解决方案，从而降低能源成本并减少环境影响。这种合作模式对于推动绿色矿山建设和实现可持续发展具有重要意义。

除了能源合作，智慧矿山企业还可以与物流公司进行合作。通过共享物流网络和仓储设施，可以优化物流运输，提升矿山产品的市场竞争力。物流公司可以为矿山企业提供高效的物流解决方案，包括运输、仓储、配送等，从而降低物流成本，提高运输效率，并保证产品的及时交付。

资源共享与协同发展的模式不仅可以降低矿山企业的运营成本，还能够提高其生产效率和市场竞争力。通过共享数据、设备和技术，智慧矿山企业可以更好地利用现有资源，实现资源的最优配置。这种合作模式可以促进企业之间的互动和合作，形成良性循环，推动整个产业的协同发展。

构建创新生态系统的关键路径

构建创新生态系统是智慧矿山企业推动创新和吸引创新资源的关键路径。通过建立孵化器和加速器，开展科技竞赛和挑战赛，以及与高校和研究机构合作，智慧矿山企业可以吸引各类创新资源和创业者，培育创新项目，推动科技创新和知识转化。

建立孵化器和加速器是构建创新生态系统的重要组成部分。通过为创业团队提供场地、资金和导师支持，孵化器和加速器可以帮助创业者将创意转化为创新项目，并提供必要的资源和指导，加速项目的发展和商业化进程。智慧矿山企业可以与孵化器和加速器合作，共同培育和孵化与矿山行业相关的创新项目，推动技术研发和商业应用的结合。

开展科技竞赛和挑战赛是吸引全球创新者共同解决矿山行业挑战的有效方式。通过设立奖项和提供资源支持，智慧矿山企业可以吸引创新者和创业团队参与解决行业面临的难题，促进技术创新和解决方案的出现。这种开放式的创新合作可以激发创新思维、打破行业壁垒，为智慧矿山企业带来新的突破和机遇。

与高校和研究机构的合作是推动科技创新和知识转化的重要途径。智慧矿山企业可以与高校和研究机构建立合作关系，共同开展科研合作和人才培养。通过合作研发项目，智慧矿山企业可以获取前沿科技成果和专业知识，并将其转化为实际应用，推动行业的技术进步和创新发展。同时，与高校和研究机构的合作还可以为智慧矿山企业提供人才支持，培养专业人才和创新人才，为企业的长期发展注入新鲜血液。

打造数据共享与共建平台

智慧矿山企业通过数据共享和共建平台，推动产业的数字化转型和智能化升级。建立数据共享机制和构建智慧矿山平台是关键路径，通过这些措施，智慧矿山企业可以实现产业链的协同优化、决策支持和智能化运营管理。

一方面，在数据共享方面，智慧矿山企业可以建立数据共享机制，通过数据交换和整合，实现全产业链的协同优化和决策支持。通过共享数据，不同环节的矿山企业、供应商、合作伙伴和相关机构可以更好地了解整个生态系统的运行状况，提高资源配置效率，降低成本并减少风险。共享数据还可以提供更准确的决策支持，帮助企业做出更明智的战略规划和运营决策。

另一方面，构建智慧矿山平台是实现智能化运营和管理的关键。该平台可以集成各类数字技术和应用，为矿山企业提供统一的管理和服务接口。通过智慧矿山平台，矿山企业可以实现数据的集中管理、实时监测和分析，从而改善生产过程的可视化和智能化。此外，智慧矿山平台还可以整合不同的数字技术，如物联网、人工智能和大数据分析，为企业提供更高效、更智能的运营和管理解决方案。

数据共享与共建平台的实施将推动智慧矿山企业的数字化转型和智能化升级。通过数据共享和共建平台，矿山企业可以实现生产、供应链、物流等环节的高效协同，优化资源配置和流程管理。同时，智慧矿山平台的建设还能够加速技术创新和应用落地，推动矿山产业的智能化发展和提升竞争力。

第09章
煤炭数字经济产业生态与智慧矿山建设深度融合

本章讨论的煤炭数字经济产业生态与智慧矿山建设深度融合这个重要议题，涵盖了市场潜力、发展规划、竞争策略、新路径、创新模式以及未来蓝图等多个方面，共同描绘了煤炭行业数字化转型和智慧矿山建设的全景图。

数字经济驱动煤炭行业向智慧矿山转型升级的市场潜力

数字经济为煤炭行业向智慧矿山转型升级提供了巨大的市场潜力。通过数字化技术和数据分析，煤炭企业可以提高生产效率、降低成本，开拓新的业务模式和市场机会，同时实现环保和安全生产。这将促进煤炭行业的可持续发展，并推动整个能源产业的数字化转型。

效率提高与智能化生产

传统的煤炭生产过程往往伴随着高投入、高风险和低效率的问题。但在数字化浪潮的推动下，这些难题正逐步得到破解。数字技术的应用为煤炭企业带来了自动化、智能化生产的可能。这不仅仅意味着设备的升级和替代，更是生产方式和管理理念的全面革新。传感器和物联网技术的运用，使得设备状态监测、工艺流程优化成为可能。通过这些技术，企业可以实时掌握设备运行状态，及时发现并预警潜在故障，从而大幅减少因设备故障导致的停机时间和生产损失。而大数据分析和人工智能技术的引入，更是将煤炭生产带入了一个全新的时代。通过对海量的地质数据进行深度挖掘和分析，企业能够更精准地了解矿区的地层、地质结构特点、矿藏分布范围和开采技术条件，进而实现合理精细化开采。进而提高煤炭回收率，为企业的可持续发展奠定了坚实基础。

数字化转型不仅是技术的升级，更是企业核心竞争力的重塑。在这场技术变革中，煤炭企业将实现生产效率的显著提升，同时也为行业的可持续发展注入了新的活力。未来，随着数字技术的不断发展和完善，我们有理由相信，煤炭行业将迎来一个更加高效、智能、绿色的新时代。

降低煤炭的生产成本

在煤炭行业，降低成本一直是企业追求的重要目标。传统的生产模式往往伴随着高昂的成本和复杂的供应链管理，然而，随着智慧矿山的建设，这一局面正在发生深刻变化。

数字化监控和控制系统的引入，使得煤炭企业能够实时监控生产过程中的能源消耗和流程效率。通过收集和分析这些数据，企业可以精确地找出能源浪费的环节，并有针对性地进行优化。这不仅有助于减少不必要的能源消耗，还能提高生产流程的整体效率，从而降低生产成本。同时，数据分析和预测模型的应用，也让企业能够更准确地把握市场需求和价格波动。通过对历史数据的挖掘和对未来趋势的预测，企业可以制订出更为合理的采购和销售计划，避免盲目生产和库存积压。这不仅能够降低库存成本和运输成本，还能帮助企业更好地应对市场变化，提升市场竞争力。

智慧矿山的建设不仅是一项技术革新，更是煤炭企业实现成本降低、效益提高的重要途径。在未来，随着数字化技术的进一步发展和应用，我们有理由相信，智慧矿山将成为煤炭行业转型升级的重要力量，引领行业走向更加高效、绿色、可持续的发展道路。

新业务模式与市场机会

数字经济为煤炭产业带来了创新和多元化发展的机遇。通过智慧矿山的建设和数字化技术的应用，煤炭企业可以积极开拓新的业务模式和市场机会，实现更加广阔的发展前景。这不仅有助于提升煤炭企业的竞争力，也将推动整个煤炭行业的转型升级和可持续发展。

通过智慧矿山的建设与运营，煤炭企业积累了大量的数据资源和技术经验。这些资源为煤炭企业开展增值服务提供了有力支持。比如，企业可以利用自身的信息技术优势，为其他煤炭企业提供矿山信息化咨询、技术培训等服务，帮助其实现数字化转型。这种服务模式不仅能够增加企业的收入来源，还能够推动整个煤炭行业的数字化转型进程。

数字技术的应用为煤炭产业与其他行业的融合创造了条件。在能源互联网建设方面，煤炭企业可以与其他能源企业合作，共同构建自动化、智能化、互联互通的能源网络，实现能源的优化配置和高效利用。在智能交通系统方面，煤炭企业可以与交通运输企业合作，利用大数据和人工智能技术优化煤炭运输路线和方式，提高运输效率和安全性。这些跨行业的合作模式不仅拓展了煤炭产业的发展空间，也为煤炭企业带来了更多的市场机会和增长点。

保障环保与安全生产

随着全球对环境保护和安全生产的严格监管要求，煤炭行业作为传统能源领域的重要一个行业，正面临着巨大的挑战。然而，数字化转型为煤炭企业带来更加环保和安全的生产方式。通过应用先进的监测和控制系统，煤炭企业能够实时获取煤矿的环境指标和工作条件数据。这些数据不仅可以帮助企业及时发现潜在的安全风险，还能够为预警和应对事故提供有力支持。通过智能化的监测和预警系统，企业可以更加精准地掌握生产过程中的安全状况，从而采取更加有效的措施来确保生产安全。

同时，数字技术的应用也为煤炭企业实现清洁能源生产提供了有力支持。通过智能化控制，企业可以更加精确地管理能源消耗和排放，减少不必要的浪费和对环境的污染。例如，利用大数据分析和人工智能技术，企业可以对生产过程中的能源消耗进行精细化控制，提高能源利用效率和措施管控，降低碳排放。此外，数字化转型还有助于企业推广和应用先进的清洁生产技术和设备，并通过"绿色矿山"的构建，进一步控制和减少环境污染，实现绿色可持续发展。

煤炭企业在智慧矿山背景下的信息技术产业布局与发展规划

煤炭企业在智慧矿山背景下的信息技术产业布局与发展规划需要关注数字化平台建设、技术创新和产业合作等，这些方面对于煤炭企业实现智慧矿山转型、提升竞争力和盈利能力至关重要。通过实施这些措施，煤炭企业可以推动智慧矿山转型升级，提升竞争力和盈利能力，实现可持续发展。

建设数字化平台是智慧矿山转型的基础

在智慧矿山的背景下，煤炭企业的信息技术产业布局与发展规划已经成为行业转型升级的关键议题。智慧矿山不仅是对传统煤炭开采模式的挑战，更是对未来产业竞争力的重塑。数字化平台的建设，成为这一转型的基石。煤炭企业需要建立一个集数据采集、处理、分析和应用于一体的数字化平台。这个平台需要能够实现对矿山生产全过程的实时监控和智能管理，包括资源勘探、设计、开采、运输、销售等各个环节。通过数字化平台，煤炭企业可以更加精确地掌握生产规划、计划和生产接续情况，优化资源配置，提高生产效率。

集成的数字化平台，能够实时采集矿山各个环节的数据，从资源勘探的初期数据，到专业软件设计参数、掘进和开采过程中的各种技术参数，再到运输和销售的数据流和信息量，无一不被精准捕捉。这些数据经过高效处理后，被智能分析系统转化为有价值的信息，为决策层提供实时、准确的安全生产管理科学依据。这不仅意味着煤炭企业能够更精确地掌握生产情况，也意味着资源配置的优化和生产效率的提高。这样的数字化平台，更是智慧矿山转型的催化剂。从而使煤炭企业可以实现生产全过程的实时监控和智能管理，确保安全生产的同时，也大大提高了资源的利用效率。不仅如此，这个平台还可以成为连接内外部资源的桥梁，引入物联网、大数据、人工智能等前沿技术，共同推动智慧矿山技术的发展和应用。

技术创新是推动智慧矿山发展的关键

在智慧矿山建设的浪潮中，技术创新无疑是最为关键的一环。它不仅是煤炭企业适应数字化转型的必然选择，更是推动整个行业向更高效、更安全、更环保方向发展的核心驱动力。为此，煤炭企业必须加大在信息技术领域的研发投入，以创新驱动发展，为智慧矿山的未来描绘出清晰的蓝图。

技术创新是推动智慧矿山发展的关键。煤炭企业需要加大在信息技术领域的研发投入，推动新技术、新工艺、新设备、新材料的研发和应用。例如，可以利用物联网、大数据、人工智能等技术手段，实现对矿山生产环境的智能感知和预测，提高生产安全性和效率。物联网技术的普及使得矿山设备可以互联互通，实时传递数据；大数据技术则能对这些海量数据进行深入挖掘，为生产和管理提供有力支撑；人工智能技术的应用则能进一步实现智能化决策和自动化控制，有利于大幅提高生产效率和安全性。

同时，前沿技术如 5G、云计算等的融入也将为智慧矿山的发展打开新的大门。5G 技术的高速率和低延迟特性将极大提高数据传输的效率和稳定性，为矿山生产提供更为坚实的网络基础；而云计算的弹性扩展和按需服务特性则能满足矿山日益增长的计算和存储需求，确保系统的稳定运行。

技术创新不仅意味着技术的引进和应用，更意味着对传统生产模式的深刻变革。煤炭企业需要建立一种开放、包容的创新文化，鼓励员工敢于尝试、勇于创新，同时加强与外部科研机构、技术企业的合作，共同推动智慧矿山技术的研发和应用。

开展产业合作是提升煤炭企业竞争力的重要途径

煤炭企业要想在激烈的市场竞争中脱颖而出，单纯依靠自身的力量显然是不够的。因此，积极开展产业合作成为提升煤炭企业竞争力的关键途径。通过与外部合作伙伴的紧密合作，煤炭企业可以引入创新资源、拓展市场渠道、提升产品附加值和市场竞争力，实现自身的转型升级和可持续发展。

与信息技术企业、科研机构等开展合作，意味着煤炭企业能够引入外部的创新资源和技术优势。这些合作伙伴在智慧矿山技术研发和应用方面往往具有更为深厚的积累和更为前沿的视野，通过与他们的合作，煤炭企业可以迅速吸收和应用这些先进技术，加速自身的转型升级进程。

不仅如此，产业合作还能够为煤炭企业带来更为广阔的市场渠道和更为丰富的产品线。通过与信息技术企业的合作，煤炭企业可以将自身的煤炭产品与智能化、信息化的解决方案相结合，提升产品的附加值和市场竞争力。同时，通过与科研机构的合作，煤炭企业还可以参与到国家重大科技项目中去，拓展自身的业务领域的发展空间。

此外，产业合作还能够为煤炭企业带来更为强大的品牌效应和更为广泛的行业影响力。通过与行业内的优秀企业和机构合作，煤炭企业可以共同打造智慧矿山的行业标准和技术规范，提升自身的行业地位和话语权。

煤炭行业信息技术公司在智慧矿山建设中的实力跃升与市场竞争策略

随着智慧矿山建设的深入推进，煤炭行业的信息技术公司迎来了实力跃升与市场竞争策略调整的关键时刻。这些公司凭借深厚的技术积累和行业洞察，正努力在智慧矿山建设中发挥关键作用，以技术创新、产品优化和市场拓展为手段，寻求与煤炭企业的紧密合作，共同推进行业的转型升级。在未来的发展中，这些公司有望继续发挥关键作用，推动煤炭行业的智慧化转型和可持续发展。

技术创新引领煤炭行业信息技术公司实力飞跃

在智慧矿山建设的浪潮中，煤炭行业信息技术公司正通过技术创新实现实力的飞跃。这些公司深知，技术创新是他们在激烈市场竞争中脱颖而出的核心。因此，他们积极引入物联网、大数据、人工智能等前沿技术，并将其应用于矿山管理系统和设备的研发中。

这些创新技术为煤炭生产带来了革命性的变化。物联网技术的应用使得矿山设备能够实时联网，实现数据的实时传输和监控；大数据技术则能对海量的生产数据进行分析和挖掘，为生产决策提供有力支持；而人工智能技术的运用则让矿山安全生产和管理更加智能化，能够自动调整生产组织方式和技术参数，提高生产效率和安全性。

这些创新技术不仅提高了煤炭生产的安全性和效率，也大幅提升了煤炭行业信息技术公司的实力和市场竞争力。他们的产品和服务在市场中获得了广泛的认可，赢得了众多煤炭企业的青睐。

值得一提的是，这些公司在技术创新方面并不满足于现状。他们深知，只有不断创新，才能在激烈的市场竞争中立于不败之地。因此，他们继续加大研发投入，积极探索新的技术和应用领域，为煤炭行业的智慧化转型不断赋能。

产品优化推动煤炭行业信息技术公司实力提升

智慧矿山建设过程中，产品优化成为煤炭行业信息技术公司实力提升的关键。要赢得市场的青睐，就必须紧密围绕煤炭企业的实际需求，不断优化产品的功能和性能。

为此，他们深入调研煤炭生产过程中的各个生产和安全管理环节，了解企业在安全生产、安全保护设计、效率提高等方面的迫切需求。然后，他们运用自身的技术优势，对产品进行持续的创新和优化。无论是矿山安全管理系统的用户界面设计，还是设备的运行效率和稳定性，他们都力求做到最好，确保提供的解决方案能够真正解决关键技术问题，满足煤炭企业升级改造的实际需求。

这种对产品的持续优化不仅体现在功能和性能上，更体现在服务的全面性和及时性上。这些公司不仅提供产品，更提供全方位的技术支持和服务。他们建立了完善的客户服务体系，确保在煤炭企业遇到问题时，能够及时得到解决和支持。

通过这种对产品的持续优化和对服务的不断提升，这些煤炭行业信息技术公司赢得了广大煤炭企业的信任和认可。产品成为智慧矿山建设中的不可或缺的一部分，而他们自身也在市场中占据了重要的地位。

市场拓展让煤炭行业信息技术公司实力跃升

在煤炭行业信息技术公司的实力跃升过程中，市场拓展无疑扮演了重要角色。要想在激烈的市场竞争中立于不败之地，就必须积极拓展市场，不断寻找新的业务增长点。

公司不仅要深耕国内市场，充分了解国内煤炭企业的需求和痛点，提供量身定制的智慧矿山解决方案，还要积极放眼全球，拓展国际市场。主动参与国际竞争，与全球范围内的煤炭企业建立广泛的合作关系，将先进的智慧矿山技术应用到更多国家和地区。

市场拓展不仅带来了业务的快速增长，更为企业提供了更广阔的发展空间和机会。通过与全球领先的煤炭企业合作，可以接触和学习到最新的行业技术和趋势，不断提升自身的技术水平和创新能力。同时，市场拓展也提升了企业的品牌知名度和国际影响力。

煤炭行业信息技术公司与煤炭企业携手共进

在智慧矿山建设的过程中，煤炭行业信息技术公司与煤炭企业之间的合作显得尤为关键。这些信息技术公司不仅为煤炭企业提供了强大的技术支持和解决方案，更展现出了高度的灵活性和适应性，积极参与到煤炭企业的日常运营和管理中。

这种合作模式打破了传统的技术供应与服务模式，信息技术公司不再仅仅是一个服务提供者，而是成为煤炭企业的合作伙伴和共创者。他们深入了解煤炭企业的业务需求和发展规划，为其量身定制符合实际需求的解决方案，并与之共同面对市场的挑战和机遇。

这种深度的合作模式不仅增强了双方之间的互信和合作意愿，更为双方带来了实实在在的利益。煤炭企业可以借助信息技术公司的专业技术和丰富经验，实现生产和管理的高效化、智能化，提升企业的整体竞争力。而信息技术公司则可以通过与煤炭企业的紧密合作，不断优化和完善自身的产品和服务，实现技术的持续创新和市场的不断拓展。

探索煤炭数字经济产业成长新路径与智慧矿山企业创新模式

随着数字技术的迅速发展，煤炭行业正迎来前所未有的数字化转型机遇。在这一背景下，探索煤炭数字经济产业的成长新路径和智慧矿山企业的创新模式显得尤为重要。通过深入研究和实践这些新路径和模式，可以为煤炭行业的未来发展提供有力的借鉴和指导。

数据驱动产业创新升级与生态构建

随着数字技术的飞速进步，煤炭行业正站在数字化转型的十字路口，探寻全新的成长路径。数据，作为这一转型的核心驱动力，正逐渐渗透到煤炭生产的每一个环节，引领着行业的升级与变革。在这条路径上，煤炭企业将实现更高效、更智能的运营，推动整个行业的转型升级。而政府、企业、科研机构等多方力量的共同努力，也将为煤炭行业的未来发展注入更为强大的动力。

数据不仅是一种资源，更是一种战略资产。煤炭企业开始利用大数据技术，全面整合从煤炭生产到销售、物流等全流程的数据，通过深度分析，将这些数据转化为有价值的决策支持。这种数据驱动的决策模式，不仅提高了企业的运营效率，更推动了整个产业的智能化升级。

同时，煤炭企业也在积极拓展合作网络，与信息技术企业、科研机构等建立起紧密的合作关系。这种跨界的合作，不仅实现了资源的共享和优势互补，更构建了一个数字生态系统，为煤炭数字经济产业的快速发展提供了强大的支撑。

政府在这一过程中也扮演着重要的角色。通过出台相关政策，政府鼓励并支持煤炭数字经济产业的发展，为企业提供税收优惠、资金扶持等多种措施，有效降低了企业的创新成本，进一步激发了市场的活力。

智能化引领智慧矿山企业创新模式

在智慧矿山企业的探索之路上，智能化改造与升级扮演着至关重要的角色。通过引入物联网、人工智能等尖端技术，矿山企业能够显著提高生产的安全性和效率，实现资源的最优配置和高效利用。这种智能化升级不仅优化了生产流程和安全可靠性，更在根本上改变了传统矿山企业的运营模式，推动了行业的创新变革。

然而，智能化升级仅仅是智慧矿山企业创新模式的一个方面。业务模式的创新同样关键。智慧矿山企业应积极拥抱大数据，通过精准营销和个性化服务等新模式，拓展盈利空间，增强市场竞争力。这种业务模式的创新，使得企业能够更好地适应市场需求，实现可持续发展。

而这一切都离不开人才的支持。智慧矿山企业必须高度重视人才培养和引进工作，打造一支具备数字化思维和创新能力的人才队伍。这支队伍将成为企业持续创新和发展的核心动力，推动智慧矿山企业不断向前迈进。

智慧矿山企业的创新模式是一个综合性的过程，涵盖了智能化升级、业务模式创新和人才培养等多个方面。在这个过程中，企业需要不断探索和实践，以创新引领未来，重塑煤炭行业的产业格局。

启示：数据驱动、跨界合作与创新引领

随着科技的进步和数字化转型的浪潮，煤炭行业正在经历前所未有的变革。通过深入研究煤炭数字经济产业的成长路径和智慧矿山企业的创新模式，我们获得了宝贵的启示。

数据在煤炭行业的数字化转型中发挥着核心作用。煤炭企业必须充分认识到数据的价值，将其作为决策的基础和创新的源泉。只有充分利用数据资源，才能实现决策的科学化和精细化，提高运营效率并推动产业升级。

跨界合作是煤炭行业数字化转型的关键。通过与信息技术企业、科研机构等建立合作关系，煤炭企业可以共享资源、互相借鉴，共同推动数字生态系统的构建。这种跨界合作不仅有助于技术的融合和应用的创新，还能为煤炭行业带来更为广阔的发展空间和机会。

创新是煤炭行业数字化转型的永恒主题。在数字化转型的过程中，煤炭企业必须保持开放的心态，勇于尝试新的业务模式和技术应用。通过创新，企业可以不断拓展盈利空间，提升市场竞争力，实现安全高效可持续发展。

"十四五"规划指导下的煤炭行业数字化转型与智慧矿山协同发展蓝图

"十四五"规划为我国经济和社会发展勾画了宏伟蓝图，煤炭行业作为国家的能源基石，在这一规划指导下，正迎来数字化转型与智慧矿山建设的重要机遇。数字化转型不仅是技术层面的革新，更是对煤炭行业传统

发展模式的深刻变革。在智慧矿山建设中,数字化转型将为矿山生产、安全监控、资源管理等方面带来前所未有的智能化体验。

重塑生产流程,迈向绿色可持续发展

在"十四五"规划的宏观指导下,煤炭行业正站在数字化转型的十字路口,这一转型不仅预示着技术的革新,更代表着生产流程的根本性重塑。随着物联网、大数据、人工智能等先进技术的深入应用,煤炭生产正逐步迈向自动化、智能化的新纪元。这种转型不仅极大提高了生产效率,更在安全性方面取得了显著进步,为矿工们提供了更为安全优质的工作环境。

数字化转型为煤炭行业带来了绿色发展的可能。传统煤炭生产往往伴随着资源浪费和环境污染的问题,而数字化转型通过精细化的资源管理和环境监控,有助于减少这些负面影响。这意味着,在数字化转型的推动下,煤炭行业不仅能够为社会提供稳定的能源供应,还能够实现与环境的和谐共生,为绿色矿山可持续发展作出积极贡献。

综上所述,数字化转型是"十四五"规划下煤炭行业发展的必由之路。它不仅将重塑煤炭生产的流程,提升效率和安全性,还将推动行业向绿色、可持续的方向发展。这一转型不仅是对技术的挑战,更是对煤炭行业未来发展理念的深刻变革。

加强智慧矿山建设,引领行业高效发展

随着数字化转型的浪潮席卷各行各业,煤炭行业亦迎来了前所未有的发展机遇。在这一进程中,智慧矿山建设扮演着举足轻重的角色,成为数字化转型的重要载体。智慧矿山不仅仅是技术层面的革新,更是对传统煤炭生产模式的深刻变革。

在智慧矿山中,智能感知网络如同矿山的"神经系统",能够实时收

集和分析各种生产数据；大数据处理平台则如同"大脑"，对这些数据进行深度挖掘和精准决策；而智能决策支持系统则如同"指挥官"，根据数据分析结果，为矿山安全生产提供科学、合理的决策依据。这一系列的技术应用，使得矿山安全生产全过程实现了实时监控和智能管理，大大提高了矿山的安全生产管理水平。

更为重要的是，智慧矿山建设不仅关注生产过程的安全与效率，更着眼于资源的优化利用和经济效益的提升。通过智能分析和精准决策，矿山企业能够更加科学地配置资源，减少浪费，降低成本，从而实现经济效益和社会效益的双提升。

政府、企业与社会协同共筑时代新篇章

在煤炭行业数字化转型与智慧矿山协同发展的道路上，需要政府、企业和社会各方的共同努力。这不仅是一场技术的革新，更是一次深度的产业变革，只有通过政府、企业和社会各方的共同努力，才能书写出煤炭行业数字化转型与智慧矿山发展的新篇章。

政府在这一进程中扮演着关键角色。通过出台相应政策，政府为煤炭行业的数字化转型提供了坚实的支持和保障。这些政策不仅为企业指明了方向，更为行业的创新发展提供了有利的政策环境和资源支持。

企业作为实施主体，其技术创新投入和人才培养则直接关系到数字化转型与智慧矿山建设的成败。企业需要加大技术创新力度，积极引进和培育高素质人才，确保数字化转型和智慧矿山建设能够落地实施，真正转化为生产力。

社会各方的积极参与也是推动煤炭行业技术进步和产业升级的重要力量。通过产学研合作，各方能够共享资源、互通有无，共同推动煤炭行业的技术进步和产业升级，实现更为广泛和深入的协同发展。

第10章
智慧矿山企业转型过程中的风险识别与应对策略

　　智慧矿山企业转型面临多重风险，包括项目执行、战略调整、数字文化与人才、信息安全等方面的挑战。为应对这些风险，企业需要采取全方位的避险与应对策略，确保转型过程的顺利进行，实现智慧矿山建设的目标。

企业数字化转型进程中智慧矿山项目可能遭遇的风险

在企业数字化转型进程中,智慧矿山项目可能遭遇多重风险。具体来说,技术风险方面涉及先进技术的引入和应用,如物联网、大数据等,可能因技术成熟度不足或集成难度大而导致项目延期或失败。市场风险则主要来自项目成本超支或收益不达预期,可能由市场变化、需求调整等因素导致。运营风险则表现为在项目实施过程中,由于内部流程不畅、团队协作问题等原因导致效率低下。环境风险则涉及煤矸石处理、废水处理和排放、设备费油处理等问题。此外,还涉及合规风险、数据安全、隐私保护等法律法规的遵守。企业需全面评估这些风险,并制定相应的应对策略,确保智慧矿山项目的顺利进行。

智慧矿山项目中的技术风险挑战与应对策略

技术风险主要源于项目实施过程中涉及的先进技术,如物联网、大数据分析等的应用和实施可能面临多重挑战。首先,技术成熟度是一个关键问题。当前,虽然物联网、大数据等技术已经在多个领域得到广泛应用,在智慧矿山这一特定领域,其技术成熟度还不够。这意味着在项目实施过程中,可能会遇到技术瓶颈,导致项目延期或失败。其次,技术的集成难度也是一个不可忽视的风险点。智慧矿山项目涉及多个技术领域的融合,如地质勘查、采矿技术、通信技术、数据分析技术等。这些技术之间的集成和协同工作可能面临诸多挑战,如数据格式不兼容、通信协议不统一等，这些问题都可能影响项目的进度和质量。

为应对这些技术风险，企业需要采取一系列策略。首先，在项目前期应进行充分的技术调研和评估，确保所选技术符合项目需求，并具有足够的成熟度。其次，加强技术研发和创新能力，不断推动技术的完善和优化。同时，建立与供应商、研究机构等的紧密合作关系，共同应对技术挑战。此外，企业还应加强技术人员的培训和能力提升，确保他们具备应对技术风险的能力。通过制订详细的技术实施方案和风险管理计划，企业可以更好地识别和控制技术风险，确保智慧矿山项目的顺利进行。

智慧矿山项目中的市场风险挑战与应对策略

市场风险主要是项目成本超支或收益不达预期，这些问题往往由市场变化、需求调整等外部因素引起。首先，项目成本超支是一个常见的市场风险。在智慧矿山项目的实施过程中，由于技术更新迅速、设备采购价格波动、人力资源成本上升等多种原因，可能导致项目成本超出预算。这种成本超支不仅会影响企业的经济效益，还可能导致项目延期甚至失败。其次，收益不达预期也是市场风险的一个重要方面。由于市场需求变化、竞争加剧等因素，智慧矿山项目的收益可能无法达到预期水平。这可能是因为项目在立项时对市场的预测不准确，或者项目实施过程中市场环境发生了不利于项目的变化。

为应对这些市场风险，企业需要采取一系列措施。首先，在项目立项阶段，企业应进行深入的市场调研和分析，准确预测市场需求和竞争态势，为项目制定合理的成本预算和收益预期。其次，在项目实施过程中，企业应密切关注市场动态，及时调整项目策略，确保项目成本控制在预算范围内，并努力实现收益最大化。此外，企业还应加强与合作伙伴的沟通与合作，共同应对市场风险。通过建立稳定的供应链合作关系、拓展销售渠道、提高产品质量和服务水平等方式，企业可以增强自身的市场竞争力，降低市场风险对项目的影响。

智慧矿山项目中的运营风险挑战与应对策略

运营风险主要指项目实施过程中的内部流程不畅和团队协作问题，这些问题可能导致项目延期，甚至可能引发项目失败。首先，内部流程不畅是运营风险的一个重要来源。在智慧矿山项目中，涉及多个部门和多个环节，如技术研发、物资采购、施工建设、运营管理等。如果这些环节之间的流程不顺畅，信息传递不及时，决策效率低下，就会导致项目整体进度受阻，甚至可能引发项目失败。其次，团队协作问题也是运营风险的一个重要方面。智慧矿山项目需要多个部门和多个团队之间的紧密协作，如果团队协作不顺畅，存在沟通障碍，或者团队之间存在利益冲突，就会导致项目执行效率低下，影响项目的顺利推进。

为应对这些运营风险，企业需要采取一系列措施。首先，优化内部流程，确保各个环节之间的信息传递畅通，决策流程高效。其次，加强团队建设和协作，建立良好的沟通机制，解决团队之间的利益冲突，提高团队协作效率。此外，企业还可以引入项目管理专业团队，对项目进行全面的管理和监控，确保项目按照计划顺利推进。

智慧矿山项目中的环境风险挑战与应对策略

环境风险主要是指煤矸石处理、废水排放及废油回收等问题。煤矸石作为煤炭开采过程中的副产物，其处理与利用一直是一个难题。不当的处理方式不仅会造成资源浪费，还可能对周边环境造成污染。因此，智慧矿山项目需要采用先进的煤矸石处理技术，确保煤矸石得到有效利用或安全处置，从而避免对环境造成负面影响。废水排放、费油丢弃是另一个重要的环境风险点。矿山废水、费油通常含有多种有害物质，如果未经处理直接排放，将对周边水体和土壤造成严重污染。因此，智慧矿山项目需要建立完善的废水处理系统，确保废水在达到环保标准后才能排放。

为应对这些环境风险，企业需要采取一系列措施。首先，加强技术研发和创新，开发更加高效、环保的煤矸石处理技术和废水处理技术。其次，建立完善的环保管理制度，确保各项环保措施得到有效执行。此外，加强与政府、社区等利益相关方的沟通与合作，共同推动矿山环保事业的发展。在智慧矿山项目中，环境风险是一个长期且复杂的问题。企业需要以可持续发展的理念为指导，坚持环保优先，确保项目的环境效益与经济效益双赢。真正实现绿色、低碳、循环的智慧矿山。

智慧矿山项目中的合规风险挑战与应对策略

合规风险主要涉及数据安全和隐私保护等法律法规的遵守。在智慧矿山项目中，大量的数据被收集、处理和存储，包括生产数据、员工信息、市场分析等。如果这些数据遭到未经授权的访问、篡改或丢失，不仅可能导致企业运营中断，还可能引发法律责任。因此，企业必须采用先进的数据加密技术、访问控制机制和安全审计措施，确保数据在传输、存储和处理过程中的安全性。智慧矿山项目往往涉及个人信息的收集和使用，如员工个人信息、客户数据等。这些信息受到相关法律法规的保护，如果未经同意擅自收集、使用或泄露这些信息，将可能面临法律制裁和声誉损失。因此，企业必须严格遵守隐私保护法律法规，制定完善的隐私保护政策，并加强员工培训和意识提升，确保个人信息得到合法、合规的处理。

为应对这些合规风险，企业需要采取一系列措施。首先，建立健全的合规管理体系，明确数据安全和隐私保护的责任和流程。其次，加强与法律顾问和监管机构的沟通与合作，及时了解并遵守相关法律法规的最新要求。此外，企业还可以引入专业的第三方机构进行数据安全和隐私保护的评估和审计，确保合规风险得到有效控制。

在智慧矿山建设中企业重大战略方向调整带来的风险

在智慧矿山建设的推进过程中，企业可能因外部环境的变化，如国家产业政策的调整、市场的变化或企业战略重组等因素，而面临重大战略方向的调整。这种调整可能会给企业带来一系列风险，尤其是在数字化转型项目方面。企业需要加强风险评估和变革管理，确保数字化转型项目在新的战略指引下能够顺利推进，为企业的持续发展提供有力支持。

企业重大战略方向调整带来的风险

企业在智慧矿山项目的推进过程中，战略调整风险是一个尤为突出的挑战。这种风险源于企业对于自身未来发展路径的重新定位，它可能直接导致已经投入大量资源和精力的数字化转型项目面临停滞或重组的困境。

战略调整可能使原有的智慧矿山项目不再符合新的发展方向。这意味着企业可能需要重新评估项目的价值和意义，甚至可能决定终止或重新规划项目。这不仅浪费了之前的投入，还可能影响企业的整体战略实施和市场竞争地位。

战略调整往往伴随着组织结构和团队结构的变化。这种变化可能导致原本负责智慧矿山项目的团队面临解散或重组，从而影响项目的稳定性和连续性。新的团队可能需要重新熟悉项目，重新制订计划，这都会给项目带来不确定性。

战略调整还可能影响企业的资源分配。原本用于智慧矿山项目的资源可能会被重新分配到其他领域，导致项目资源不足，影响项目的进展和质量。这种资源的重新分配可能使智慧矿山项目陷入困境，甚至面临被边缘化的风险。

企业重大战略调整风险应对策略

企业在面对智慧矿山建设中的战略转型时，应全面评估风险，制定相应的变革管理和风险控制策略。通过灵活的项目管理机制、加强团队建设和合理的资源规划，确保智慧矿山项目在新的战略方向下能够顺利推进，为企业的持续发展提供有力支持。

要充分评估数字化转型项目与新的战略方向是否相符。如果项目不再符合新的发展方向，企业就需要考虑是否要对项目进行重新规划或完全放弃。这种决策不仅关系到前期投入的浪费，更可能影响企业未来的整体战略布局和市场竞争力。

随着战略的调整，企业的组织结构和团队结构也会发生相应的变化。智慧矿山项目的团队可能会面临解散或重组，这对项目的稳定性和连续性是一个巨大的考验。新的团队需要重新熟悉项目，制订新的计划，这无疑增加了项目的不确定性。

资源的重新分配也是战略调整带来的一个直接后果。原本用于智慧矿山项目的资源可能会被重新分配到其他领域，导致项目因资源短缺而陷入困境。这就要求企业在战略调整前，对资源进行合理的规划和分配，确保智慧矿山项目得到足够的支持。

尽管战略调整带来了诸多风险，但企业也不应忽视其中蕴含的机遇。通过重新规划和调整，企业可以使智慧矿山项目更加符合新的战略方向，从而更好地服务于企业的整体发展。此外，战略调整也可以带来组织结构和团队结构的优化，提升团队的适应能力和创新能力，为项目的进一步发展提供有力的支持。

智慧矿山建设要求企业数字化转型过程中的人才保障风险

智慧矿山建设要求的企业数字化转型过程中面临人才保障风险。老龄化员工对新技术接受度低，退休将导致技术知识流失。煤矿工作条件差，薪酬低，吸引力不足，年轻人倾向选择其他行业，导致智能化人才储备不足。高校教育未适应智能化需求，缺乏专业融合人才。晋升通道不畅，煤矿主要领导专业背景偏煤炭开采或机电，缺乏信息化和智能化相关专业岗位。针对这些风险，企业应采取一系列应对策略来保障人才储备和培养，以支持煤矿智能化建设的数字化转型。

企业数字化转型过程中的人才保障风险

煤矿行业从业人员普遍年龄较大，且文化水平相对较低。导致了技术更新和数字化转型的困难，因为老龄化员工可能对新技术接受度较低，同时他们的退休将导致企业在技术方面的知识流失。

传统煤炭企业对年轻人的吸引力不足，煤矿位于偏远地区，工作和生活环境相对较差，而且薪酬水平相对较低。这使得大学毕业生更倾向于选择其他行业或在城市中从事第三产业的工作，而不愿意进入煤矿行业。这导致了煤矿智能化人才储备的不足。

煤矿智能化需要采矿和机电信息等专业的融合型人才。然而，目前的高校教育还没有完全适应智能化煤矿的需求，师资力量和教学体系在这方面仍然存在缺陷。因此，短期内很难为煤炭企业提供高端复合型人才。

煤矿智能化相关技术人才的晋升通道相对不畅。传统观念和岗位设置导致煤矿企业主要领导多为煤炭开采或机电相关专业，而信息化和智能化相关技术人才缺乏相应的专业岗位。这导致他们的职位晋升受限，并且缺乏有效的晋升通道。

促进煤矿智能化高端人才培养与引进

针对煤矿智能化高端人才匮乏的问题，应采取一系列措施来促进人才培养与引进，以促进煤矿智能化高端人才的培养与引进，为煤矿行业的数字化转型提供有力的人才保障。

高校应加快传统矿业类专业与数字化、智能化的深度融合，以满足煤矿行业对高级人才的需求。传统矿业类专业需要与现代信息技术、自动化控制等相关学科进行融合，培养具备全面素质的矿山智能化人才。高校还应推进新工科专业，开设与煤矿智能化相关的学科方向，培养具备理论基础、实践能力和创新能力的高级人才。

高校、科研机构和矿山企业可以建立联合培养途径，共同开展培训项目。例如，可以设立高级研究班，邀请煤矿企业的技术人员和高校的教师共同授课，将理论与实践相结合，加快培养具备煤矿智能化相关技术和管理能力的人才。

要优化煤炭企业的人才环境，提高行业的吸引力，吸引更多优秀人才到矿山智能化行业工作。这可以通过改善工作条件和提高薪酬待遇来实现。改善工作环境，包括优化工作场所设施、提供良好的生活条件以及加强安全保障措施；同时，提高薪酬水平，确保薪酬与人才的价值匹配。此外，还应提供良好的职业发展机会，为人才提供晋升和成长的空间，使其看到在矿山智能化行业有广阔的发展前景。

矿山企业可以实施员工职业发展助推计划，建立健全的矿山智能化、专业人才培训与考核评价体系。这可以包括制订培训计划，提供专业培训课程，帮助员工提高专业技能和知识水平。还可以探索设立智能装备工程师、智能装备运维技师等专业型、技能型人才的晋升通道，为人才提供发展空间和机会。

矿山企业应与高校、科研机构加强合作，建立高水平的矿山数字化、智能化运营团队。通过合作研究项目、共享科研成果和技术资源，推动技术创新和人才培养。高校可以为矿山企业提供前沿的技术支持和人才培训，而矿山企业则可以提供实践场景和数据资源，促进理论与实践的结合，培养适应矿山智能化需求的高级人才。

万物互联给智慧矿山企业信息安全带来的巨大挑战

万物互联在助力智慧矿山建设的同时，也给企业信息安全带来了巨大挑战，其中主要有设备和系统的漏洞、数据安全和隐私保护、网络攻击等。为了应对这些挑战，企业需要加强信息安全管理和网络防护，采取措施保护数据的安全和隐私，防范网络攻击和数据泄露等风险。只有确保信息安全，智慧矿山企业才能充分发挥物联网技术的优势，实现安全高效的生产运营。

万物互联下智慧矿山企业的信息安全分析

智慧矿山企业面临的一个重要挑战是设备和系统的漏洞。物联网设备的数量庞大，涉及各种传感器、控制器和通信设备，这些设备存在着可能被黑客攻击的漏洞。黑客可以利用这些漏洞入侵矿山企业的网络系统，破坏生产过程，窃取重要数据或者勒索企业。

数据安全和隐私保护也是智慧矿山企业面临的挑战之一。通过物联网技术可以收集和分析矿山企业大量的数据，包括生产数据、设备状态数据和员工信息等。这些数据的泄露或被未经授权的个人或组织访问将带来严重的后果，可能导致商业机密的泄露、公司声誉的受损，甚至对员工和客户的隐私造成威胁。

智慧矿山企业还面临网络攻击的风险。黑客可以利用各种手段进行网络攻击，如网络钓鱼、恶意软件、拒绝服务等，破坏企业的网络系统、干扰正常生产运营或窃取敏感信息。这些攻击会导致生产中断、数据丢失，甚至对矿山企业的正常运行造成严重影响。

应对智慧矿山企业信息安全的具体措施

为了应对智慧矿山企业信息安全的上述挑战，企业需要采取一系列措施来加强信息安全管理和网络防护。通过建立完善的信息安全管理体系、加强网络安全防护、采用数据加密技术和合规制度，以及定期进行应急预案演练，企业能够有效应对挑战，确保信息安全与网络防护的可靠性。

企业应建立完善的信息安全管理体系。制定安全策略和规范，并明确责任分工。通过建立明确的安全策略和规范，企业能够为各个层面的安全防护措施制定具体的指导，并确保其有效执行。此外，加强内部员工的安全培训与意识教育也至关重要。通过提高员工对信息安全的认知和意识，可以减少因人为疏忽或错误行为而导致的安全漏洞。

加强网络安全防护。企业应建立防火墙、入侵检测和防范系统，加密敏感数据，并定期进行系统漏洞扫描和安全评估。防火墙和入侵检测系统可以监控和阻止潜在的网络攻击，降低系统遭受黑客入侵的风险。加密敏感数据可以保护数据的机密性，确保在传输和存储过程中不会被未经授权的访问所窃取。定期进行系统漏洞扫描和安全评估，及时发现和修复系统中的漏洞，提高整体安全性。

采用数据加密技术、访问控制和身份认证等手段确保数据在传输和存储过程中的安全性。数据加密可以保护数据的机密性，即使数据被窃取，黑客也无法解读其内容。访问控制和身份认证可以限制对系统和数据的访问权限，确保只有经过授权的用户才能访问敏感信息。同时，建立合规制度和政策，遵守相关法律法规，保护用户隐私和数据安全，也是非常重要的。

为了应对信息安全威胁，智慧矿山企业还应定期进行应急预案演练，以便及时应对网络攻击和数据泄露等事件。通过模拟真实的安全事件和应急情况，企业能够评估其应对能力，并及时修正和改进应急预案，以提升应对能力和减少安全事件的影响。

智慧矿山建设过程中企业应采取的全方位避险与应对策略

智慧矿山建设过程中，为了降低风险并应对突发情况，企业需要采取全方位避险与应对策略，以提升风险管理的能力，降低风险发生的概率，保障项目的顺利实施，并在突发情况下能够及时、有效地应对和处理。

加强组织保障和资金投入

在智慧矿山企业建设过程中，加强组织保障和资金投入是至关重要的一项策略。通过确保企业具备足够的组织能力和资源投入，包括人员、技术和资金等方面，可以有效支持风险管理和应急响应措施的实施，从而降低潜在风险和应对突发情况的能力。

组织保障是建设智慧矿山企业的基础。企业拥有足够的人员和专业技能来推动项目的顺利进行、确保各个环节和部门的有效沟通和协调，以最大限度地减少潜在的风险和问题。此外，还需要培养和提升员工的专业知识和技能，以适应日益复杂和变化的矿山行业环境。

资金投入是智慧矿山企业建设的保障。充足的资金投入可以支持先进技术的引入和应用，以提高矿山的安全性和效率。例如，投资于智能化设备和传感器技术可以实现对矿山环境和设备状态的实时监测，及早发现潜在的安全隐患。此外，资金的充足能够支持风险管理和应急响应计划的制订和实施，包括培训员工、购买应急设备和建立紧急响应机制等。

建立健全的风险管理体系

在智慧矿山企业建设过程中，建立健全的风险管理体系是至关重要的一项策略。通过制定完善的风险管理政策和流程，可以确保风险管理工作科学、系统和可持续，从而提高企业对潜在风险的识别和应对能力。

建立风险管理体系需要制定明确的风险管理政策和指导原则。规定企业对风险的态度和目标，以及风险管理的基本原则和方法。例如，确定风险管理的优先级和分级标准，明确责任与权力的分配，以及确保员工遵循风险管理的规定和流程。

风险评估是风险管理体系的核心环节。通过对矿山企业的各个环节和活动进行全面的风险评估，可以识别出潜在的风险和危险源，并对其进行定量或定性的评估。这有助于企业了解风险的严重程度和可能的影响，从而有针对性地制定相应的风险控制和应对措施。

风险控制是风险管理体系中的另一个重要环节。通过采取合适的控制措施，可以降低风险的发生概率和影响程度。这可能包括改善工艺流程、引入先进的安全设备和技术，以及加强员工培训和意识提高等。同时，要制定应急预案和应对措施，以减轻风险事件的影响，并迅速恢复正常的生产运营。

风险监测是风险管理体系中的持续环节。建立有效的监测机制和指标体系，及时发现风险的变化和演化趋势。定期进行安全检查和巡视、设备状态的实时监测，以及对关键数据和指标的分析和评估，通过及时监测风险，企业及时做出决策和调整，以降低潜在风险的发生和影响。

做好人才培养和储备工作

在智慧矿山企业的发展中，做好人才培养和储备工作是至关重要的一项任务。通过加强人才培养和储备，企业可以培养出一支专业化、高素质的人才队伍，以应对日益复杂多变的风险和挑战。

人才培养是确保企业可持续发展的关键因素之一。智慧矿山企业的发展离不开具备专业知识和技能的人才。因此，企业应该制订全面的人才培养计划，包括提供系统的培训课程、实践机会和培训资源等。培养人才需要注重知识与实践相结合，培养员工的综合能力和解决问题的能力，使其能够适应快速变化的矿山行业环境。

人才储备是确保企业应对风险和挑战的重要保障。在不可预见的情况下，拥有一支合适的人才储备队伍可以迅速填补岗位空缺，保证企业的正常运转。人才储备包括建立人才储备库和培养后备人才。企业可以通过招聘优秀人才、培养新人，以及内部员工的轮岗和交流等方式来建立人才储备。这样，在关键岗位出现人员变动时，企业可以及时调配和使用合适的人才，确保业务的连续性和稳定性。

人才培养和储备还需要注重激励机制的建立。人才是企业的核心竞争力，因此，企业应该建立激励机制，吸引和留住优秀人才。这包括提供具有竞争力的薪酬福利、良好的职业发展机会、培训和学习的平台等。激励机制可以激发员工的工作动力和创造力，提高团队的绩效和效率。

加强网络和信息安全管理

在当今数字化和网络化时代，重视网络和信息安全对于任何组织都至关重要。智慧矿山企业作为高度依赖信息技术和网络通信的行业，必须加强网络和信息安全管理，采取必要的技术手段和管理措施，以防止信息泄露、数据损毁和网络攻击等风险。

加强网络安全管理是确保智慧矿山企业信息系统安全的基础。企业应该建立完善的网络安全策略和规范，确保网络设备和系统的安全配置和管理。这包括加强网络边界防护，设置防火墙、入侵检测和防护系统等，以阻止未经授权的访问和恶意攻击。同时，需要定期进行安全漏洞扫描和风险评估，及时修补系统漏洞，提升网络的整体安全性。

保护信息安全是智慧矿山企业的重要任务之一。企业应该建立健全信息安全管理制度，包括控制信息的收集、处理、存储和传输过程中的风险。这可以通过加密技术、访问权限控制、身份认证和数据备份等手段来实现。同时，员工的信息安全意识培养也是至关重要的，企业应该加强对员工的培训和教育，提高他们对信息安全的认识和防范意识。

应对网络攻击是智慧矿山企业的重要挑战之一。网络攻击形式多样，包括恶意软件、网络钓鱼、勒索软件和分布式拒绝服务攻击等。为了应对这些风险，企业应该建立综合的网络安全应急响应机制，及时检测和响应网络攻击事件，迅速采取必要的措施进行阻止和修复。此外，企业还可以通过与安全厂商合作、定期进行安全演练和渗透测试等方式，提升网络安全防护能力。

加强与各方有效沟通与合作

在智慧矿山企业的运营中，与各利益相关方进行有效沟通和合作是至关重要的。这些利益相关方包括政府、社会组织、供应商、客户和员工等。通过与这些利益相关方保持良好的沟通和合作关系，企业可以建立互信机制，共同应对风险和挑战，实现共赢的发展。

与政府的有效沟通和合作帮助企业顺利开展业务并获得政策支持。政府在制定相关政策和监管措施时需要考虑到企业的需求和利益，而企业也需要与政府密切合作，了解政策动向，及时反馈问题和建议。通过建立定期沟通渠道、参与政策制定和开展合作项目等方式，企业可以与政府形成良好的合作关系，共同推动智慧矿山行业的可持续发展。

与社会组织的合作可以增强企业的社会责任感和形象。社会组织在环境保护、社会公益等方面发挥着重要作用，企业应该与社会组织建立合作伙伴关系，共同推动可持续发展。通过参与社会组织的活动、支持社会公益项目、与社会组织开展对话和合作等方式，企业可以树立良好的社会形象，提升企业的声誉和品牌价值。

与供应商和客户的紧密合作可以提升企业的供应链效率和客户满意度。供应商是企业供应链的重要组成部分，与供应商建立良好的合作关系可以确保供应链的稳定性和质量控制。与客户进行有效沟通和合作可以更好地了解客户需求，提供符合客户期望的产品和服务。通过与供应商和客户建立长期合作伙伴关系、共同制订合作计划和目标，企业可以实现供应链协同和客户满意度的提升。

与员工的密切合作和良好沟通可以增强企业的凝聚力和创造力。员工是企业最重要的资源，他们的参与和贡献对于企业的发展至关重要。通过建立良好的员工沟通渠道、提供培训和发展机会、激励和奖励优秀员工等方式，企业可以增强员工的归属感和忠诚度，激发员工的创新和创造力，推动企业的持续创新和竞争力提升。

第11章
智慧矿山建设的成功案例与经验借鉴

本章列举的龙煤集团鸡西矿业公司、新疆智慧矿山建设、江西铜业、安徽铜冠（庐江）矿业和徐工集团等企业，通过采用5G、智能化控制和无人驾驶等技术手段，实现了矿山设备的智能管理和维护，提高了生产效率、安全性和矿山开发水平。他们在智慧矿山建设方面取得了成功的经验，为矿山提供了宝贵的借鉴和启示。

龙煤集团鸡西矿业公司智慧矿山
助老煤炭企业迸发新动能

鸡西矿业公司通过智能化建设，成功实现了矿山的数字化、信息化、智能化转型。他们建立了智能综采、智能综掘、智能洗选等标准建设体系，实现了智能化与煤矿安全、生产、经营的深度融合。该公司还建成了智能化示范矿井、智能化采掘工作面，并建立了智能化选煤厂和数字产业园。通过智能化应急电源系统、健康诊断系统和监测监控传感器等解决方案，鸡西矿业公司提升了安全生产的"生命线"。

用智能手段，提升综合能效

近年来，鸡西矿业公司通过智能化建设，成功实践了"5G+智慧矿山"项目，将科技赋能应用于企业的生产和管理中。通过与国内顶尖高校和科技企业的合作，他们以数字化、信息化、智能化为引领，推动了公司智能化建设的快速发展。短短3年时间内，鸡西矿业公司建成了智能综采、智能综掘、智能洗选等标准建设体系，实现了智能化与煤矿安全、生产、经营的深度融合。他们还建成了智能化示范矿井、智能化采掘工作面，并成功承办了全省煤矿智能化建设现场会，将智能化建设的先进经验向全省同行业推广。

鸡西矿业公司的智能化建设中，智能综合管控平台被称为矿山的"大脑中枢"。这个平台能够实时监测和捕捉到井下操作的细节，展现煤矿的三维可视化、智能分析和平台运维等内容和项目。矿井下的5G信号已经实现了所有工作面的全覆盖，保证了相关作业过程和信息生产的及时互联互通。防爆型通话手机和智能矿灯在千尺井下能够实现音频、视频实时监测，并远程协助井下工人处理各类问题。

鸡西矿业公司注重智能化建设对安全生产的贡献。智能应急电源系统、健康诊断系统、监测监控传感器等数字化、智能化解决方案为公司的安全生产提供了强有力的支持。智能综合管控平台实时展示了矿工开采、挖掘的全流程状态，调度员可以通过点击屏幕中的GIS模块，了解井下瓦斯、一氧化碳、温度、风速等情况。智能化筑牢了鸡西矿业的安全生产的"生命线"。公司还引进了智能储存式应急电源系统，为副井提升机提供紧急状态下的电力保障，构筑安全生产的生命线。健康诊断系统安装在主井绞车、空压机和通风设备等重要设备上，通过实时监测设备的工作状态和健康状况，及时预警和处理设备故障，保障生产的连续性和安全性。

鸡西矿业公司的智能化建设还着重提升了矿山的综合能效。通过智能化采掘工作面和智能化选煤厂的建设，实现了煤矿生产过程的精细化管理和优化。智能化采掘工作面引入了自动化、机器人设备，提高了生产效率和作业质量，并有效降低了人员伤亡事故的风险。智能化选煤厂引入了智能分选设备和先进的数据分析技术，实现了煤炭的高效分选和资源的最大化利用。这些举措不仅提高了矿山的生产效率，还减少了资源浪费和环境污染。

鸡西矿业公司还在矿区内建立了数字产业园，吸引了一批高科技企业和创新团队入驻。这些企业和团队以数字化、物联网、人工智能等技术为核心，为矿山的智能化建设提供了技术支持和创新方案。数字产业园的建设不仅为矿业公司带来了新的收入和发展机遇，也为当地的科技创新和产业升级做出了贡献。

打造智慧矿山的借鉴意义

鸡西矿业公司的智能化建设是一次成功的转型实践，为传统的资源型企业注入了新的生机。通过数字化、信息化和智能化的手段，他们打造了智慧矿山，提升了矿山的综合能效和安全生产水平。这个案例展示了企业在转型中的勇气和创新精神。他们的经验和做法对其他矿业企业具有借鉴意义，也为推动矿业行业的可持续发展做出了积极贡献。

智能化建设为鸡西矿业公司带来了明显的安全改善。通过智能综合管控平台、智能应急电源系统和健康诊断系统等解决方案，他们有效预防事故和设备故障，保障了安全生产的"生命线"。这种以安全为核心的智能化建设是值得称赞的。

智能化建设也为矿山的生产效率和质量提升做出了重要贡献。智能化采掘工作面和智能化选煤厂的建设引入了自动化和机器人技术，提高了生产效率，降低了人员伤亡风险，并实现了资源的最大化利用。这些举措不仅提升了企业的竞争力，也减少了资源浪费和环境污染。

鸡西矿业的智能化建设有助于带动区域的科技创新和产业升级。通过建立数字产业园，吸引了高科技企业和创新团队入驻，为智能化建设提供了技术支持和创新方案。这种开放合作的模式不仅为企业带来了新的发展机遇，也为当地经济的转型和可持续发展做出了贡献。

新疆通过"5G+工业互联网"开启智慧矿山建设之旅

新疆矿企正借助 5G 技术推动智能化矿山建设，实现更高效、更安全的采矿作业。多个煤矿已成为智能化示范点，采用 AI 智能设备、无人驾驶矿车等技术，提高生产效率，保障工人安全。此外，智能化还助力环保和经济效益的提升，如选矿回收率的提高和综合能耗的降低。新疆矿企正在开启智慧矿山建设之旅，展现了 5G 技术在矿业领域的巨大潜力和价值。

5G 助力"无人化"采矿

随着行业从"粗放"向"集约"转变，以及 5G 商用的助力，新疆的矿企正迎来智能化矿山建设的新篇章。借助"5G+工业互联网"技术，这些企业正释放前所未有的潜能，推动矿山生产运营向更高效、更安全的方向发展。

俄霍布拉克煤矿作为智能化示范煤矿的代表，已经通过 AI 智能设备实现了矿井 24 小时自动监管，确保各环节安全可靠。同样进入国家首批智能化示范煤矿建设名单的其他新疆煤矿，如南露天煤矿、乌东煤矿和二号煤矿等，也在积极推进智能化改造。特别是二号煤矿，预计 2024 年底投产时将实现无人开采，整个矿山地质结构将通过三维扫描技术透明化。

在准东露天煤矿，无人驾驶矿车已成为现实，2023 年已完成 69 万立方米的土方运输，2024 年还将增加矿车数量，真正实现车内无人。此外，哈密地区的煤矿也在推进智能化建设，包括无人机边坡安全巡检、智能选煤厂等项目。

在阿勒泰地区，8家矿山企业与3家通信运营商签约，共同推动矿山智能化发展。其中，新疆亚克斯资源开发股份有限公司的铜镍矿山实现了5G井下无人电机车试点运行，为井下工人提供了更安全的工作环境。

智能化建设不仅提高了生产效率，还带来了环保和经济效益。例如，伽师铜辉矿业的选矿回收率提高到95.5%以上，综合能耗大幅降低。

新疆矿企借助5G技术推进智能化矿山建设，不仅实现了生产效率和安全性的提升，还为矿业工人创造了更好的工作环境。随着技术的不断进步，新疆的矿山行业正迎来一个"无人化"采矿的新时代。

智慧矿山建设的启示意义

随着数字化浪潮的推进，新疆矿山企业开始积极探索智能化转型之路，以技术创新引领行业变革。

通过引入5G、AI等前沿技术，新疆矿山企业在提升生产效率的同时，也极大地增强了作业的安全性。无人驾驶矿车的成功应用，不仅减少了人力成本，还避免了因人为因素导致的安全事故。此外，智能化矿山建设还推动了选矿技术的升级，提高了资源利用效率，降低了能耗和环境污染。

新疆矿山智能化转型的成功实践，不仅是对传统采矿模式的彻底革新，更是对资源型地区可持续发展路径的有益探索。未来，随着技术的不断进步和应用范围的扩大，新疆矿山智能化建设有望为全球矿业发展贡献更多的中国智慧和中国方案。同时，这也将为新疆乃至全国的经济发展注入新的活力和动能。

江西德兴铜矿携手华为，通过顶层规划打造未来智能矿山

德兴铜矿是江西铜业集团的主力矿山，也是亚洲最大、中国第一的露天铜矿。作为智能矿山建设的试点单位，德兴铜矿与华为合作成立了联合工作组，进行智能矿山的顶层规划，为矿山的智能化建设打下了坚实的基础，也在"数字江铜"的建设中发挥了重要作用。

携手华为推动智能化升级

传统的矿山建设模式通常是为了解决特定问题而建设特定系统，但这种方式存在着很大的弊端，会导致大量孤立的系统，各个系统之间的数据无法连接和共享，数据无法有效利用，同时还会造成投资的浪费。数字化转型和智能化升级是一个系统化的工程，要从未来的角度思考今天的问题，进行顶层规划，这是转型升级的首要任务和关键前提。

为了实现数字化转型和智能化升级，江铜集团与华为合作，在智能矿山的顶层规划中引入了领先的工业互联网架构，以下一代物联网为基础，以云平台为核心，以数据为要素，以网络和信息安全为保障，打造了新一代信息技术与矿山行业深度融合的数字化转型新模式，重塑了矿企、供应链和产业链的新业态。自 2022 年以来，江铜集团全面推进了"数字江铜一号工程"的建设，2021 年 10 月启动了"数字江铜"的顶层设计，并选择华为作为战略合作伙伴进行顶层规划。作为江西铜业最大的自有矿山，德兴铜矿也是公司智能矿山建设的重点项目之一，该矿山非常重视智能矿

山的建设，在年初成立了数字化部门，旨在进一步加快智能矿山的建设进程。通过专题调研、专项研讨、业务培训等一系列措施，全矿多层次、多领域加快推进了矿山的智能化建设。

德兴铜矿集中了优势资源，并选择与华为进行智能矿山的顶层规划。华为煤矿军团进驻了德兴铜矿，与数字化部门联合办公。专家组从采矿到选矿，从生产到运营，从管理到党建，进行了详细的业务现状分析和痛点调研，对数字化矿山建设需求进行了多维度的梳理。基于业界的标杆分析和技术趋势研究，联合工作组共同进行了智能矿山的顶层规划，并取得了阶段性的进展。

德兴铜矿的智能矿山顶层规划采用了 ODMM 模型、DSTE 模型、DTPC 联合创新工作坊等方法。这些方法帮助德兴铜矿描绘了战略愿景和蓝图架构，识别了矿石流的价值阶段和场景，并提出了解决方案的构想和智能矿山建设路径。在顶层规划中，充分引入了 5G、云计算、人工智能、数字孪生等新技术要素，并与矿山的生产管理相结合，重新塑造了数智矿石流的新旅程，推动有色金属行业的智能矿山建设，成为新时代的引领者。

目前，德兴铜矿正在计划落地 ICT 基础设施平台，如德铜云数据中心、边缘云、数据采集和骨干网络等，并迅速上线成熟的矿山智能化应用，如综合管控平台和皮带智能监测等。通过这些举措，德兴铜矿将进一步加快智能矿山的建设步伐，实现数字化转型的目标。

打造未来智能矿山的经验

智能矿山集选矿、采矿、冶炼、加工于一体，其核心是智慧矿山安全、高产高效、绿色环保。德兴铜矿作为江铜集团的主力矿山，以其智能化建设的顶层规划为例，展示了在数字化转型和智能化升级方面的成功经验。通过与华为合作，德兴铜矿实现了数字经济与实体经济的融合发展，成为有色行业数字化转型的先行者。

德兴铜矿的智能矿山建设采用了顶层规划的方式，从未来的角度思考问题，将工业互联网架构引入矿山行业，重塑了矿企、供应链和产业链的新业态。这种整体规划的方式有助于解决孤立系统和数据孤岛的问题，提高数据的连接和共享效率。德兴铜矿在智能矿山建设中充分引入了5G、云计算、人工智能、数字孪生等新技术要素。这些技术的应用将提高矿山的生产管理效率，优化矿石流的价值阶段和场景，实现智能化生产和管理。德兴铜矿选择与华为合作，共同进行智能矿山的顶层规划。这种战略合作伙伴关系有助于充分利用华为在信息通信技术领域的优势，共同推动数字化转型和智能化升级的进程。德兴铜矿在智能矿山建设中成立了数字化部门，通过专题调研、专项研讨、业务培训等措施，加快推进了矿山的智能化建设。这种实践经验对其他矿山进行智能化建设提供了有益的借鉴和启示。

德兴铜矿的智能矿山建设经验显示了数字化转型和智能化升级在矿山行业中的重要性和潜力。通过整体规划、技术创新、合作伙伴和实践经验的综合运用，矿山可以实现安全、高产高效和绿色环保的目标，进一步推动行业的可持续发展。

安徽铜冠（庐江）矿业通过智能化建设助力高质量发展

安徽铜冠（庐江）矿业有限公司以惊人的速度在国内深埋低品位铜矿山达标达产，为高质量发展树立了标杆。统计数据显示，2021年1—

12月，该公司生产铜料13450吨、金704公斤、银4100公斤，全年营业收入超过10亿元。这一成就得益于公司对智能化建设的大力推进，依托"5G+物联网"等新技术，实现了选矿自动化、充填自动化、主副井提升系统、井下"六大系统"、尾矿库在线监测等方面的建设。

大力推进智能化建设

该公司利用物联网、大数据、云计算、人工智能、5G等先进技术，构建了选矿自动化、充填自动化、主副井提升系统、井下斜坡道信号系统等智能化设施。为保障后续自动化系统建设，还进行了数据中心信息化升级改造、网络安全设备安装及大屏整合项目等工作。通过增加智能装备和完善机房保护措施，公司提高了生产效率和设备运行状态的监控能力。

此外，公司还在管理、仓储、培训、物流、运输等方面建设了车辆道闸、人员来访登记系统、智能仓储、安全教育基地和供应链智能物流管控一体化系统等。智能仓储系统的引入，采用了立体货架、AGV小车和智能调度系统，实现了高度自动化的仓储管理，提高了工作效率。

目前，安徽铜冠（庐江）矿业有限公司紧跟5G融合技术时代潮流，致力于成为铜陵有色集团公司智能化矿山建设的标杆。公司正在逐步推进智能行车、井下铲运机智能控制、-800井下有轨机车智能运输系统、井下智能通风、矿山一体化管控平台、智能采矿等智能化系统建设。遵循国家《"十四五"智能制造发展规划》和铜陵有色集团公司《铜陵有色智能制造总体规划》，该公司将继续应用先进技术，推进智能化建设，助力企业实现高质量发展，打造"国内领先、国际一流"的智慧矿山。

矿山智能化建设经验

安徽铜冠（庐江）矿业有限公司的智能化建设案例具有令人瞩目的成

第11章 智慧矿山建设的成功案例与经验借鉴

就,为矿山行业展示了智能化技术在高质量发展中的潜力和价值。

该公司采用物联网、大数据、云计算、人工智能、5G等先进技术,通过构建智能化设施和系统,实现了选矿自动化、充填自动化、主副井提升系统等多个领域的智能化应用。首先,该公司在矿山生产过程中引入了智能化设备和技术,实现了选矿自动化和充填自动化。这一举措不仅提高了生产效率,降低了生产成本,还提升了产品质量和资源利用效率。通过智能化设备的运用,公司能够更精准地控制矿石的选别和充填过程,从而提高了矿石的回收率和产品的纯度。其次,安徽铜冠(庐江)矿业有限公司在井下工作环境中推行智能化建设,包括主副井提升系统和井下斜坡道信号系统。这些系统通过智能传感器和自动控制技术,实现了对井下设备和信号的实时监测和控制,提高了工作安全性和生产效率。井下斜坡道信号系统的引入,使得井下作业人员能够更好地了解斜坡道的状态,减少了事故和故障的风险。此外,公司还在管理、仓储、培训、物流、运输等方面推行智能化建设。通过引入智能仓储系统和供应链智能物流管控一体化系统,公司实现了仓储和物流管理的高度自动化,提高了物资调配的效率,减少了人为错误和时间浪费。智能化建设还包括安全教育基地和车辆道闸等设施,增强了管理和安全控制的能力。

安徽铜冠(庐江)矿业有限公司的智能化建设案例是矿山行业智能化发展的典范。通过应用先进技术,公司成功提升了生产效率、产品质量和工作安全性,为高质量发展奠定了坚实基础。这一案例为其他矿山企业提供了宝贵的经验和启示,鼓励行业迈向智能化转型,促进矿山行业的可持续发展。

徐工集团应用无人驾驶技术提高矿山开发水平，促进矿山智能化转型

徐工集团（下简称"徐工"）作为智慧矿业创新集群的领军企业，成功进行了在矿山无人驾驶领域的创新与实践。在能源矿产安全成为国家战略的背景下，推进智慧矿山建设变得迫在眉睫。通过应用5G、无人驾驶矿卡和人工智能等技术装备，提高了集团的矿山开发水平，有效促进了矿山智能化转型。

无人驾驶技术赋能矿山开采

作为中国高端矿业装备先行者，徐工积极响应国家智慧矿山战略，不断进行矿用装备无人驾驶技术的创新研发。在神延煤矿、平庄煤矿、华润水泥矿等多个矿区，徐工的无人驾驶矿用车、挖掘机等成套化装备成功运营，为矿山行业提供高效、安全、智能的解决方案。其中的XDE240矿用自卸车在神延西湾露天煤矿得到了广泛应用，共有31台无人驾驶的矿卡编组运行。这些先进的技术和高效的运营模式，为西湾露天煤矿提高生产效率、降低运营成本发挥了重要作用。与传统的人工操作相比，徐工的无人驾驶矿卡不仅极大地减少了操作风险，更有效保障了人员的安全。

无人驾驶矿卡的成功应用标志着徐工无人驾驶技术迈向成熟阶段的重要里程碑。通过自动化的操作和精准的导航，矿卡能够高效地运送矿石和物料，实现了生产过程的智能化和自动化。这不仅提高了矿山的生产效

率,还降低了运营成本,为矿山企业带来了显著的经济效益。此外,无人驾驶矿卡还具备数据采集和分析功能,可以实时监测矿卡的运行状态和工况数据,为矿山管理提供重要参考依据。通过对数据的深度分析,矿山企业可以更好地优化生产计划、调整设备配置,提高资源利用率和生产效益。

无人驾驶矿卡的创新意义

徐工作为智慧矿山创新的先行者,在无人驾驶矿卡的成功应用中彰显了其技术实力和领导地位。该案例不仅展示了徐工的创新能力,也为整个矿山行业提供了先进的技术解决方案。

徐工的无人驾驶矿卡在神延西湾露天煤矿的运用取得了显著成果。通过自动化的操作和精准的导航,矿卡实现了高效的物料运输,提高了生产效率,降低了运营成本。此外,无人驾驶技术的应用还极大地减少了操作风险,保障了人员的安全。

徐工无人驾驶矿卡的成功应用不仅在技术上具有突破,还为矿山行业带来了新的发展机遇。通过数据采集和分析,矿山企业可以更好地优化生产计划和设备配置,提高资源利用率和生产效益。这种智能化转型的推动将为矿山行业带来更高效、更安全的运营。

随着无人驾驶技术的不断发展和完善,徐工无人驾驶矿卡将在未来继续助力矿山行业迈上新的台阶。其应用潜力巨大,有望进一步提高矿山生产效率、降低运营成本,并推动矿山智能化转型的全面发展。

徐工作为智慧矿山创新的领军企业,通过无人驾驶矿卡的成功应用,展现了其在技术研发和行业领域的领先地位。这不仅是对徐工的肯定,也为矿山行业带来了启示,鼓舞了其他企业在智能化转型方面的努力。随着徐工继续推进无人驾驶技术的发展,矿山行业将迎来更加高效、安全和智能的未来。

第12章
安全创造财富，
智慧引领未来

作为本书的最后一个章节，这部分内容将重点阐述智慧矿山在发展策略、安全保障、绿色转型、数字化转型、技术创新、教育培训以及法规政策等多方面的挑战与机遇。这些议题共同描绘了智慧矿山未来的发展趋势和安全保障的前瞻性构建。

智慧矿山的未来发展策略与挑战应对

智慧矿山是指通过应用物联网、人工智能、大数据等技术，实现矿山安全生产和管理的自动化、信息化和智能化。因此，企业对智慧矿山的未来发展需要制定明确的战略，包括技术创新、合作共赢和可持续发展等方面，并应对技术风险、市场竞争和环境压力等挑战。通过持续创新和合作，智慧矿山有望实现高效、安全和可持续的发展。

制定智慧矿山未来发展战略

智慧矿山未来发展战略的制定需要紧密关注技术创新、合作共赢和可持续发展。通过不断推动技术创新，与相关方合作共赢，以及实现可持续发展目标，智慧矿山有望实现高效、安全和环保的发展。

技术创新在智慧矿山的发展中起到至关重要的作用。随着科技的不断进步，智慧矿山需要不断引入新技术和解决方案，以提高生产效率、降低成本和减少安全风险。例如，研发更先进的安全监测监控技术可以实现对矿井各种气体浓度、温度、煤尘、风速、负压和设备开停等的实时监测和预警，从而优化生产设计、计划、安全生产和资源利用。此外，还可以探索和研发机器巡检、人工智能和大数据分析等技术的应用，以提高矿山的自动化水平和智能化程度。

合作共赢是智慧矿山发展的重要方向。智慧矿山需要与相关企业、科研机构和技术供应商建立合作关系，共同推动技术研发和创新。通过合作，矿山企业可以实现资源共享、知识交流和市场拓展等好处。合作可以促进技术进步，加快创新的步伐，同时也可以加强矿山企业在可持续发展和环境保护方面的合规性。通过合作共赢，矿山企业可以共同面对技术挑战和市场竞争，实现共同发展和共赢的局面。

可持续发展是智慧矿山发展的重要目标。随着环境问题日益突出，矿山企业需要将可持续发展纳入战略规划中。通过减少能源和水资源的消耗，优化废弃物处理，降低碳排放等措施，智慧矿山能够降低对环境的影响。此外，智慧矿山还应关注劳动安全和员工福利，为员工提供良好的工作环境和福利待遇，增强企业的社会责任感。可持续发展不仅有助于保护环境，还可以提高企业形象，增加利益相关者的认可和支持。

应对智慧矿山发展中的挑战

智慧矿山在发展过程中需要充分认识和应对技术风险、市场竞争和环境压力。通过制定风险管理策略，提升核心竞争力，积极采取环境友好的措施，智慧矿山有望实现可持续发展、健康竞争和环境保护的平衡。

技术风险是智慧矿山发展过程中需要关注的重要问题。尽管技术创新对于提升矿山效率和降低成本至关重要，但引入新技术也会带来一定的风险。企业在推动技术创新的同时，需要制定完善的风险管理策略，包括进行技术评估、确保数据安全和隐私保护，并制定应急预案以降低技术风险对业务的影响。

市场竞争是智慧矿山必须面对的现实问题。随着智慧矿山的发展，市场竞争将变得日益激烈。为了在竞争中脱颖而出，矿山企业需要不断提升自身的核心竞争力。这包括加大技术研发投入，提高产品质量和服务水平，塑造良好的品牌形象。此外，企业还可以通过差异化战略，开拓新的市场和客户群体，以保持竞争优势。

智慧矿山还需要应对来自环境保护和可持续发展方面的压力。矿山行业在采矿和生产过程中通常会对土地、水资源和生态环境造成一定的影响。为了减少对环境的破坏，智慧矿山应采取环境友好的措施，如减少能源和水资源的消耗，优化废弃物处理，降低碳排放等。此外，矿山企业还应加强与政府和社区的沟通与合作，确保符合环境法规和社会责任要求，积极参与环境保护和可持续发展的倡议。

智慧矿山安全保障体系的前瞻性构建

构建前瞻性的智慧矿山安全保障体系需要着眼于设备安全保障、网络安全保障、数据安全保障、人员安全保障和环境保护措施等多个方面，通过加强设备管理、网络安全、数据保护、人员培训和环境管理等措施，确保智慧矿山的建设和运营安全可靠，提高矿山的安全水平，减少事故的发生，实现智慧矿山的可持续发展。

构建智慧矿山设备安全保障体系

智慧矿山建设中使用的设备多为高科技设备，如无人机、机器人等，这些设备的安全对于保障智慧矿山的运行至关重要。为了确保设备的安全，有以下几个关键方面需要注意。

一是加强设备的质量监控和维护。设备的质量直接关系到其安全性和可靠性。在设备采购过程中，应该选择具有良好声誉和高质量的供应商，确保所购买的设备符合相关标准和规范。此外，需要建立健全的设备质量监控体系，进行定期的设备检查和维修，及时处理设备存在的问题和隐患，确保设备处于良好的工作状态。

二是制定安全操作规程并进行人员培训。针对每种设备，应该制定相应的安全操作规程，明确设备的正确使用方法和注意事项。操作人员需要接受相关培训，了解设备的操作流程和安全要求，并进行相应的考核。只有经过培训和考核合格的人员才能操作设备，确保设备的安全使用。

三是建立设备故障报告和处理机制。操作人员应该被鼓励和要求及时报告设备的故障和异常情况，以便及时采取措施进行修复和处理。同时，需要建立设备故障的记录和分析系统，对设备故障进行跟踪和分析，找出问题的根源并采取措施避免类似故障再次发生。

构建智慧矿山网络安全保障体系

智慧矿山建设中使用的各种设备和系统都需要联网进行数据交互和控制操作，因此网络安全的保障成为智慧矿山建设的重要环节。为了确保智慧矿山的网络安全，需要加强网络设备的安全防护，制定网络安全管理制度，并采用加密技术保护数据传输的安全。

一是加强网络设备的安全防护。建立防火墙和入侵检测系统等安全机制，可以有效防范网络攻击和未经授权的访问。这些安全设施可以监控和过滤网络流量，及时识别和阻止潜在的安全威胁。

二是制定网络安全管理制度。这包括对网络操作人员进行审查和培训，确保他们具备足够的网络安全意识和技能。员工应该了解网络安全策略和规程，并严格遵守相关操作规定。定期的安全培训和演练可以帮助员工习得正确的网络使用习惯，并及时应对网络安全事件。

三是加密数据传输。通过使用加密协议和技术，可以保护数据在传输过程中的机密性和完整性，防止数据被窃取或篡改。对于智慧矿山中涉及敏感数据的应用，如矿山生产数据、工艺参数等，加密技术的应用尤为重要。

构建智慧矿山数据安全保障体系

智慧矿山产生的大量数据是矿山运营决策的重要依据，同时也包含了矿山的核心机密，因此保障数据的安全至关重要。为了保障智慧矿山的数据安全，需要建立完善的数据备份和恢复系统，规范数据的访问权限，并采用加密技术保护数据的机密性和完整性。

一是建立完善的数据备份和恢复系统。数据备份是将关键数据复制到其他存储介质中，以防止单点故障和数据丢失。定期进行数据备份，并进行恢复测试，以确保备份数据的完整性和可用性。在发生数据丢失或损坏的情况下，可以及时恢复数据，保证矿山运营的连续性。

二是规范数据的访问权限。通过设置权限控制和审计机制，限制不同人员对数据的访问权限，并记录数据访问的日志，可以有效防止数据的非法获取和篡改。只有经过授权的人员才能访问敏感数据，确保数据的保密性和完整性。

三是采取加密技术。加密技术也是保障数据安全的一种重要手段。通过对敏感数据进行加密，可以防止数据在传输和存储过程中被窃取或篡改。合理选择和应用加密算法和技术，可以提高数据的保密性和安全性。

构建智慧矿山人员安全保障体系

人员安全保障是智慧矿山建设中的重要环节。智慧矿山涉及大量的人员，包括矿工、操作员、管理人员等，他们的安全至关重要。为了保障智慧矿山的人员安全，需要加强安全教育和培训，提高人员的安全意识和技能。同时，要强化安全监督和检查，及时发现和排除安全隐患。建立安全事故报告和处理机制，及时处理事故，提高人员的安全保障水平。

一是加强安全教育和培训。通过组织安全培训和教育活动，向员工传达安全意识和知识，提高他们对安全风险的认识和应对能力。培训内容包括设备操作规程、事故应急处理和安全防护措施等,确保员工能够正确、安全地操作设备和进行工作。

二是强化安全监督和检查。在设备操作和管理过程中,需要强化安全监督和检查。建立健全的安全监督体系,对设备操作和工作场所进行定期检查,并及时发现和排除安全隐患。监督人员要具备专业的安全知识和技能,能够有效地识别和解决安全问题,确保工作环境的安全性和健康性。

三是建立安全事故报告和处理机制。员工应被要求及时报告安全事故和意外事件,同时建立相应的事故报告和处理程序,对事故进行调查和分析,找出事故原因,并采取相应的措施防止类似事故再次发生。通过及时的事故处理和经验总结,可以提高人员的安全意识和工作质量。

采取智慧矿山环境保护切实措施

由于矿山的活动可能会对周围环境产生一定的影响,如噪声、粉尘、水污染等,因此采取环境保护措施非常必要。为了保护环境,智慧矿山建设和运营需要建立环境监测系统,及时采取措施减少污染物排放。加强环境管理,制定环保政策和措施,确保与环境的协调发展。同时,培养环境保护意识,促进员工和相关人员共同参与环境保护行动。

一是建立环境监测系统。通过安装监测设备,对矿山周边环境的空气质量、水质、噪声等进行实时监测和预警。监测数据可以帮助矿山运营方了解环境状况,及时发现异常情况,并采取相应的措施减少污染物的排放,防止对环境造成过大的影响。

二是加强环境管理也是重要的环保措施。矿山应制定环保政策和措施,明确环境保护的责任和要求。建立健全的环境管理体系,对矿山建设和运营中的环境影响进行评估和管控,确保符合环保法规和标准。定期开展环境审核和评估,及时发现和解决环境问题,确保智慧矿山的建设和运营与环境的协调发展。

三是加强环境保护意识的培养。通过开展环保宣传教育活动，提高员工和相关人员对环境保护的认识和重视程度。加强环境保护意识培养，促使所有参与智慧矿山建设和运营的人员都能够从自身做起，采取环保行动，减少对环境的负面影响。

绿色低碳理念下的智慧矿山发展趋势

在绿色低碳理念的指导下，智慧矿山的发展趋势将在能源、技术、环保、可持续发展等方面通过创新和管理实践，实现矿山产业的可持续发展。这些举措不仅有助于减少环境污染和碳排放，还能提高矿山的经济效益和社会效益，为未来的矿业行业带来更加可持续和环保的发展。

降低能源消耗，提高能源利用效率

在绿色低碳理念的指导下，智慧矿山的发展趋势将更加注重环保和可持续发展。能源节约与清洁能源是其中一个重要方面。智慧矿山将致力于降低能源消耗，通过智能监控和优化系统，企业可以实现能源的高效利用，降低能源消耗。同时，推动清洁能源的应用，如太阳能、风能和生物能，不仅可以减少碳排放，还能提高矿山的可持续性。

一种常见的做法是在矿山设备和系统中引入智能监控技术。通过传感器和数据采集系统，矿山可以实时监测和分析设备的能源消耗情况。这样，管理人员可以了解到哪些设备或操作过程存在能源浪费的问题，并采取相应措施进行优化和改进。例如，可以对设备进行能源效率评估，识别出能源消耗较高的设备，并进行调整或替换，以降低能源消耗。

智慧矿山还将推动清洁能源的应用。传统矿山通常依赖于化石燃料，如煤炭和石油，这些能源的使用会导致大量的碳排放和环境污染。而智慧矿山将积极探索和采用清洁能源解决方案，如太阳能、风能和生物能等。这些清洁能源不仅能够减少碳排放，还能降低能源成本，提高矿山的可持续性。

引入清洁能源并非一蹴而就的过程，矿山企业需要进行全面的规划和投资。例如，在矿山周边地区布置太阳能电池板或风力发电机，以便利用可再生能源为矿山供电。此外，矿山还可以探索利用生物能源，如生物质燃料或生物气体，来替代传统的化石燃料。这些措施不仅能够减少对化石能源的依赖，还能为矿山企业带来经济效益。

在智慧矿山中应用绿色技术与创新

绿色技术和创新解决方案在智慧矿山中的应用可以显著降低能耗和环境排放，实现矿山作业的可持续发展。通过应用智能传感器和物联网技术，实现矿石勘探、矿石开采和设备监测的智能化和自动化，可以提高矿山作业的效率和精确度。同时，通过优化能源利用和改进排放控制，可以减少对环境的负面影响。因此，智慧矿山的绿色技术和创新解决方案具有重要的意义，并将在未来得到更广泛的应用和推广。

智慧矿山的绿色技术和创新解决方案主要涉及矿石勘探、矿石开采和设备监测等方面。首先，智能传感器的应用可以有效地监测矿石的存在和分布情况，从而帮助矿工准确定位矿石矿床，避免不必要的勘探活动，降低勘探的能耗和对环境的干扰。其次，物联网技术的应用可以实现矿山作业的智能化和自动化。通过将不同设备和系统连接起来，实现数据的实时传输和共享，矿山作业可以更加高效和精确。这不仅可以减少人力资源的浪费，还可以降低能耗和环境排放。

智慧矿山的绿色技术和创新解决方案还可以通过优化能源利用和改进排放控制来减少对环境的负面影响。例如，通过应用先进的能源管理系统，可以实时监测和控制矿山的能源消耗。这样，可以及时发现能源浪费的问题，并采取相应的措施进行节能和优化。此外，通过改进排放控制技术，可以减少矿山作业过程中产生的废气和废水的排放量，保护周围环境的纯净度和生态平衡。

加强环境保护力度，努力恢复生态

通过环境保护和生态恢复的努力，智慧矿山可以最大限度减少对周围生态环境的破坏，并为未来的可持续发展奠定基础。通过合理规划和管理矿山开采区域，减少土地占用和土壤污染；实施水资源管理，减少水资源的消耗和污染；进行矿山生态恢复工作，促进植被恢复和生物多样性保护，智慧矿山将为实现环境保护和生态恢复目标做出重要贡献。

智慧矿山注重合理规划和管理矿山开采区域，以减少土地占用和土壤污染。通过科学的矿山规划，可以最大限度地减少对自然生态的干扰，确保矿山开采活动不会对周边土地资源造成严重的破坏。此外，采用先进的土壤保护措施，如覆盖层和植物覆盖，可以减少土壤的侵蚀和污染，帮助土壤得到有效的保护和修复。

智慧矿山致力于水资源管理，以减少水资源的消耗和污染。矿山开采过程中需要大量的水资源，而不当的水资源管理可能导致水资源过度消耗和污染。因此，智慧矿山采用先进的水资源管理技术，如循环利用和节水措施，以最大限度地减少对水资源的需求，并确保废水排放符合环境标准。

智慧矿山还积极进行矿山生态恢复工作，促进植被恢复和生物多样性保护。矿山开采活动通常会对植被和生物多样性造成破坏，影响生态平衡。为了弥补这些损失，智慧矿山采取措施进行植被的重新种植和保护，并提供适宜的栖息地，以促进野生动植物的恢复和繁衍。

发展循环经济，尽力回收利用资源

在智慧矿山的运营中，循环经济理念得到了广泛倡导和应用。智慧矿山的循环经济实践不仅有助于提高资源利用效率，还可以推动整个矿山行业向更加可持续和环保的方向发展。通过技术手段，实现矿石的高效提取和处理，将废弃物转化为资源，可以最大限度地减少资源的浪费和环境污染。此外，注重副产品的回收和再利用，也可以实现资源的最大化利用。

智慧矿山应采用先进的技术手段，以实现矿石的高效提取和处理。通过研发和应用新的矿石提取技术，智慧矿山可以更加高效地从矿石中提取有价值的元素和物质。这不仅可以提高资源利用效率，还可以减少对自然资源的开采量。同时，智慧矿山注重废弃物的处理和回收利用。通过先进的废弃物处理技术，如分类和分解，废弃物可以被转化为可再利用的资源，进一步减少资源的浪费和环境污染。

在智慧矿山运营中，副产品应得到充分的重视和利用。副产品是指在矿石提取过程中产生的附加产物。通过技术手段和创新思维，智慧矿山将副产品进行有效的回收和再利用。这些副产品可以被转化为其他有价值的产品或材料，实现资源的最大化利用。这不仅有助于降低生产成本，还可以减少对原材料的需求，降低环境的负荷。

积极履行社会责任，推动可持续发展

智慧矿山在运营过程中，应积极履行社会责任，与当地社区和利益相关方进行合作，推动矿山的可持续发展。通过提供就业机会、改善劳动条件和保护劳工权益等方式，智慧矿山促进了矿山的社会可持续性。这些努

力不仅有助于提高当地社区的经济发展，还可以改善员工的生活质量，促进社会的和谐与稳定。

智慧矿山应致力于提供就业机会，为当地社区创造经济增长和发展机会。矿山的运营不仅仅关乎资源开采，还涉及大量的人力需求。智慧矿山应重视本地人才的培养和就业机会的提供，通过招聘当地员工和培训计划，为当地社区提供了稳定的就业机会，改善了居民的生计状况。

智慧矿山应注重改善劳动条件，确保员工的安全和福利。在矿山开采过程中，安全是一项非常重要的考虑因素。智慧矿山应采取严格的安全措施，提供必要的培训和装备，以保护员工的安全和健康。此外，还应关注员工的福利，提供良好的工作环境和福利待遇，使员工能够在积极的工作氛围中发展和成长。

智慧矿山还应致力于保护劳工权益，确保员工的合法权益得到尊重和保护。矿山工人是矿山运营的重要组成部分，应重视员工的权益，遵守相关法律法规，保障员工的劳动权益，防止任何形式的歧视和不公平待遇。此外，还应积极推动员工参与决策和管理的机制，让员工参与到矿山运营中，共同推动可持续发展的目标。

数字化转型助力煤炭企业高质量发展

数字化转型，这一术语指的是在数字化升级的基础上，深入触及并改造企业的核心业务，以构建全新的商业模式为最终目标的一次深远转型。尽管数字化转型并没有一个统一且被广泛接受的定义，但以下几点共识已经在业界形成：数字化转型是一项复杂且长期的系统性工程，伴随着一定的失败风险；它是一个不断迭代、持续发展的过程，没有终点只有起点；数字化并非一种颠覆性的创新，而是需要稳步推进，从上层到基层，逐步深入；每家企业的数字化转型都有其独特性，没有固定的路径和模板可以照搬；数字化转型的核心在于转型本身，数字化只是实现这一目标的手段；数字化的本质在于提高效率，而非单纯的技术应用。

对于煤炭企业而言，数字化转型对其实现高质量发展具有不可忽视的推动作用。在实施数字化转型的过程中，煤炭企业应当注重以下几个方面的工作。

做好数字化转型顶层设计

做好数字化转型的顶层设计对煤炭企业的高质量发展至关重要。通过制定明确的数字化转型战略和目标，确定优先领域，制订实施计划和时间表，以及建立相应的组织架构和管理体系，煤炭企业可以在数字化转型的道路上迈出坚实的步伐，并实现高质量的发展。

确定数字化转型的优先领域是顶层设计的重要组成部分。不同企业在数字化转型中可能有不同的需求和挑战，因此企业应根据自身情况，明确重点关注的领域。对于煤炭企业而言，可能重点关注的领域包括生产过程的智能化改造、供应链的数字化协同、市场营销的数字化转型，等等。确定优先领域有助于企业在有限的资源和时间内集中力量进行改革和创新。

制订相应的实施计划和时间表是将数字化转型战略变为现实的关键。企业应明确各项数字化转型任务的具体步骤和时间节点，以确保执行的连贯性和可操作性。实施计划应细化到具体的项目和任务，明确责任人和资源投入，并设定评估指标和进度监控机制，以确保数字化转型的顺利进行。

建立相应的组织架构和管理体系是数字化转型成功的关键要素。数字化转型需要全员参与和支持，因此企业应调整组织架构，明确数字化转型的责任部门和岗位，并建立跨部门的协作机制。此外，企业还应加强对数字化转型的管理，包括制定相关的政策和流程，建立监控和评估体系，以及提供必要的培训和支持，以确保数字化转型的顺利推进。

加强组织保障和资金投入

加强组织保障和资金投入可以为煤炭企业的数字化转型提供坚实的支撑。通过建立推动机制和激励机制，培养员工的数字化转型意识和能力，企业能够调动全员的积极性和创造力，推动数字化转型的顺利进行。同时，适当增加资金投入，可以提供必要的资源和技术支持，加速数字化基础建设和技术创新，使企业能够更好地应对数字化时代的挑战和机遇。

加强组织保障，建立数字化转型的推动机制和激励机制。企业可以设立专门的数字化转型团队或部门，负责整个转型过程的规划、协调和推动。同时，企业应激励员工积极参与数字化转型，通过奖励机制、晋升机制等方式激发员工的创新和积极性。

培养数字化转型的意识和能力。煤炭企业应开展相关的培训和教育，提高员工对数字化转型的理解和认识。培训内容可以包括数字化技术的基础知识、数字化转型的意义和目标、数字化工具和平台的应用等。通过增强员工的数字化转型意识和能力，企业可以更好地适应数字化时代的需求。

数字化转型需要充足的资金投入。煤炭企业应增加资金投入，用于数字化基础建设、技术研发和人才培养等方面。数字化基础建设包括网络基础设施的升级、数据中心和云计算平台的建设等。技术研发则是指企业在数字化转型过程中引入新技术和解决方案，以提高生产效率和管理水平。此外，企业还需要投入资金用于培养数字化转型所需的人才，包括招聘、培训和引进等方面。

完善数字化基础建设

完善数字化基础建设是煤炭企业实现数字化转型的重要步骤。通过提升网络基础设施、建立高效的数据中心和云计算平台，煤炭企业可以建立起稳定、高效的数字化基础环境，为数据的收集、存储和分析提供坚实的支持。同时，企业还可以考虑引入其他数字化技术，如物联网和人工智能，进一步提高数字化转型的水平和效果。

完善网络基础设施。网络基础设施是数字化转型的基石，它为企业提供了数据传输和信息交流的基本通道。企业应提升网络带宽和稳定性，确保数据能够快速、稳定地传输。这可以通过升级网络设备、增加网络带宽、优化网络拓扑结构等方式来实现。同时，企业还应加强网络安全管理，保护数据的安全性和完整性。

建立高效的数据中心和云计算平台。数据中心是存储和管理海量数据的关键设施，它能够支持企业进行数据的集中存储、备份和管理。云计算平台则提供了强大的计算能力和灵活的资源调配，为企业提供了高效的数据处理和分析能力。通过建立高效的数据中心和云计算平台，企业可以实现对数据的及时收集、存储和分析，为决策提供有力支持。

此外，煤炭企业还可以考虑引入其他数字化基础设施，如物联网技术和人工智能技术。物联网技术可以实现对设备和工艺过程的监测和控制，提高生产效率和安全性。人工智能技术则可以通过数据分析和机器学习等手段，提供智能化的决策支持和优化方案。这些技术的引入可以进一步提升数字化转型的效果和价值。

突出抓好数据治理体系建设

突出抓好数据治理体系建设是煤炭企业实现数字化转型的重要任务。通过建立健全数据采集、清洗、存储、分析和共享等环节，企业可以确保数据的质量、安全和合规性，为数字化转型提供可靠的数据支持。同时，制定数据管理政策和规范，加强数据安全和隐私保护，可以增强企业的数据管理能力和竞争优势。

建立完善的数据采集机制。数据采集是获取原始数据的过程，它涉及数据的收集、传输和存储等环节。企业可以利用传感器、监测设备等技术手段来实现数据的实时采集，确保数据的准确性和及时性。此外，企业还应该制定数据采集的标准和规范，确保数据采集过程的规范化和一致性。

注重数据清洗和处理。数据清洗是指对原始数据进行筛选、过滤和校验，去除其中的错误和冗余信息，确保数据的准确性和完整性。数据处理则是对清洗后的数据进行加工和计算，提取有用的信息和指标。企业可以利用数据清洗和处理工具，如数据挖掘和机器学习算法，对数据进行自动化处理，提高数据的质量和可用性。

建立安全可靠的数据存储系统。数据存储系统应具备可扩展性和高可靠性，能够满足企业不断增长的数据存储需求。企业可以考虑使用云存储技术，将数据存储在云平台上，以提高数据的可用性和灵活性。同时，企业还应采取必要的安全措施，如加密和权限控制，保护数据的安全性和隐私性。

制定数据管理政策和规范，确保数据的合规性。企业应明确数据的所有权和使用权限，制定数据保护和隐私保护政策，遵守相关的法律法规和行业标准。此外，企业还应加强数据共享和交流，与合作伙伴共享数据资源，促进数据的协同应用和共同创新。

将智能化建设纳入数字化转型整体规划

将智能化建设纳入数字化转型整体规划是煤炭企业实现高效生产、精细管理和优质服务的重要举措。通过推动智能化技术在生产、管理和服务等方面的应用，企业可以提高生产效率、优化资源配置，提供个性化的客户服务，从而提升企业的效率和竞争力。同时，智能化建设也为企业带来了更多创新和发展的机遇，为行业的可持续发展做出了贡献。

在生产领域推动智能化技术的应用。通过引入物联网技术和传感器设备，企业可以实现对生产设备和工艺过程的智能监测和控制。这样可以实现设备的远程监控和故障预警，提高生产效率和安全性。同时，通过数据分析和机器学习等技术，可以优化生产计划和调度，实现生产过程的智能优化和自动化。

在管理领域推动智能化技术的应用。智能化的管理系统可以帮助企业实现对各个环节的精细管理和实时监控。例如，通过建立智能化的供应链管理系统，企业可以实现对原材料采购、生产调度和物流配送等环节的优化和协调。同时，通过引入人工智能和数据分析技术，可以对企业的运营数据进行实时分析和预测，提供决策支持和管理指导。

在服务领域推动智能化技术的应用。通过建立智能化的客户服务系统，企业可以实现对客户需求的及时响应和个性化服务。例如，通过引入智能化的客户关系管理系统，企业可以对客户的偏好和需求进行分析，提供定制化的产品和服务。同时，通过整合云计算和大数据技术，企业可以实现对客户行为和市场趋势的深入分析，为企业的市场营销和战略决策提供有力支持。

加快煤炭工业互联网支撑体系建设

加快煤炭工业互联网支撑体系的建设对煤炭企业实现数字化转型具有重要意义。通过建设煤炭工业互联网平台，可以实现煤炭生产、销售和供应链的数字化协同和智能化管理，提升整个产业的效率和效益。同时，煤炭工业互联网平台也为企业带来了更多创新和发展的机遇，为行业的可持续发展做出了贡献。

互联网平台可以实现煤炭生产的数字化管理和控制。通过将生产设备、传感器和监测系统等与互联网连接，可以实现对生产过程的实时监控和数据采集。这样，企业可以及时了解生产中的各项指标和数据，并通过数据分析和智能算法进行生产调度和优化，提高生产效率和质量。

互联网平台可以实现煤炭销售的数字化协同和智能化管理。通过建立电子商务平台和供应链管理系统，企业可以实现煤炭销售的在线化和集约化。通过平台，企业可以与客户直接对接，实现订单管理、物流配送和支付结算等环节的数字化协同。同时，通过数据分析和智能化技术，可以对市场需求和价格趋势进行预测和分析，帮助企业制定销售策略和优化供应链。

互联网平台还可以实现煤炭供应链的数字化协同和优化。通过平台，企业可以与供应商、物流公司和其他合作伙伴进行信息共享和协同合作。通过建立统一的供应链管理系统，可以实现供应链各个环节的数字化管理和协同。例如，通过共享供应链数据和信息，可以实现原材料采购、生产调度和物流配送的优化和协调，减少库存和运输成本，提高供应链的效率和灵活性。

加快产业链数字化协同

加快产业链的数字化协同对于煤炭企业来说是一项重要任务。通过与上下游企业建立数字化协同机制，共享信息、资源和技术，可以优化产业链各个环节的协同效应，提高产业链的整体效率和竞争力。数字化协同不仅可以带来内部环节的优化和协调，还可以实现与外部环节的紧密衔接和协同发展，为煤炭企业的可持续发展提供强大支撑。

数字化协同可以带来供应链的优化和整合。通过与供应商建立数字化协同机制，企业可以实现原材料采购的精细化管理。通过共享供应链信息和数据，可以实现供需匹配、库存控制和订单管理的优化。此外，数字化协同还可以实现物流和配送的优化，通过共享物流信息和协同配送，可以降低运输成本和提高物流效率。

数字化协同可以实现生产环节的优化和协调。通过与生产环节相关的企业建立数字化协同机制，可以实现生产计划和调度的协同优化。通过共享生产数据和信息，可以实现生产过程的实时监控和优化，提高生产效率和质量。此外，数字化协同还可以实现设备维护和故障处理的协同，通过共享设备数据和维修记录，可以实现设备的远程监控和故障预警，减少停机时间和维修成本。

数字化协同还可以实现销售环节的优化和协同。通过与销售环节相关的企业建立数字化协同机制，可以实现市场需求的准确把握和销售策略的优化。通过共享销售数据和市场信息，可以实现销售预测和需求分析的精细化管理，提供个性化的产品和服务。此外，数字化协同还可以实现客户关系的管理和维护，通过共享客户数据和反馈信息，可以实现客户需求的及时响应和个性化服务，提升客户满意度和忠诚度。

做好人才培养和储备工作

做好人才培养和储备工作对于煤炭企业的数字化转型至关重要。通过加大对内部人才的培养力度，在引进外部人才的同时，与高校和科研机构建立合作关系，可以提高企业数字化转型的人力资源保障能力。这样可以确保企业拥有足够的数字化人才来支持和推动数字化转型的顺利进行，提升企业的竞争力和可持续发展能力。

加大对内部人才的培养力度。通过内部培训和学习计划，企业可以提升现有员工的数字化技术和管理能力。这可以通过组织内部培训课程、参与专业培训项目、开展知识分享和交流活动等方式来实现。此外，企业还可以通过制订个人发展计划、提供职业晋升机会和激励措施等手段，激发员工的学习和成长动力,提升数字化转型的人才储备能力。

引进外部人才,补充企业的数字化人才缺口。通过与高校、科研机构和行业专家建立合作关系,企业可以吸引优秀的数字化人才加入。这可以通过与相关机构合作开展研究项目、提供实习和实训机会、设立奖学金和奖励计划等方式来实现。同时,企业还可以通过与其他行业的合作,进行人才交流和共享,提升数字化转型的人才储备能力。

与高校和科研机构建立长期合作关系,共同开展数字化技术研究和创新项目。通过与高校教师和科研人员的合作,企业可以获取最新的技术和知识,并培养与企业需求相匹配的高级技术人才。这种合作可以通过联合研究项目、共建实验室和技术创新基地等方式来实现,促进产学研深度融合,提升数字化转型的人才储备能力。

重视网络和信息安全

重视网络和信息安全对于煤炭企业的数字化转型是至关重要的。建立健全信息安全管理体系,加强网络安全防护,保护企业的数据和信息不受损失和泄露,是保障数字化转型顺利进行的重要措施。通过加强信息安全意识和能力的培养,建立安全的网络架构和拓扑,采用适当的安全技术和策略,煤炭企业可以有效应对网络和信息安全的挑战,确保数字化转型的安全和可持续发展。

建立健全的信息安全管理体系,包括制定信息安全政策和规范,明确信息安全的责任和要求。企业应建立信息安全管理部门或职能,负责信息安全的策划、组织和实施。此外,企业还应开展信息安全培训和教育,提高员工的信息安全意识和能力,加强对信息安全风险的预防和应对能力。

加强网络安全防护,包括建立安全的网络架构和拓扑,采用防火墙、入侵检测系统、安全认证和访问控制等技术手段,保护企业的网络免受未经授权的访问和攻击。此外，企业还应定期进行网络安全评估和漏洞扫描，及时发现和修补网络安全漏洞，提高网络的安全性和稳定性。

加强数据和信息的保护，包括建立数据分类和权限管理制度，确保数据的机密性、完整性和可用性。企业应采用加密技术和数据备份策略，保护数据在存储和传输过程中的安全性。此外，企业还应制定数据安全保护措施和应急预案，以应对数据泄露、病毒攻击和其他安全事件，及时进行响应和处理。

此外，煤炭企业还可以与专业的安全机构和厂商合作，获取专业的网络和信息安全服务。这些机构和厂商可以提供安全咨询、安全评估和安全解决方案等服务，帮助企业识别和解决安全风险，提高网络和信息安全的水平。

新一代信息技术赋能未来智慧矿山安全运营

新一代信息技术的应用将为未来智慧矿山的安全运营带来许多好处。这些技术包括人工智能、物联网、大数据分析和自动化控制等，可以实现对矿山安全风险的实时监测和控制，提高安全生产水平和事故应急能力。实践中，通过智能感知、数据分析和自动化控制等技术手段，可以实现对矿山安全风险的实时监测和控制，提高安全生产水平和事故应急能力，从而为矿山行业带来更安全、更高效和可持续的发展。

智能感知技术应用于智慧矿山安全运营

在智慧矿山的安全运营中，通过智能感知技术，矿山管理人员可以及时了解矿山各个区域的安全状况。例如，温度和湿度传感器可以监测矿山内部的温度和湿度变化，及时发现可能导致火灾或其他安全问题的异常情况。气体传感器可以检测矿山中的有害气体浓度，如甲烷、硫化氢等，以及氧气含量，帮助预防瓦斯爆炸和中毒事故的发生。振动传感器可以监测矿山设备的运行状态，及时发现异常振动，预示着可能的设备故障和事故风险。

监测监控系统通过对传感器数据的实时分析，可以识别出异常情况，并通过预警和报警机制及时向矿山管理人员发出警示。这样，管理人员可以迅速采取相应的措施，防止事故的发生或减轻事故的影响。例如，当某个区域的温度异常升高时，监测系统可以自动触发报警，提醒管理人员检查是否存在火灾风险，并采取灭火措施。当气体浓度超过安全范围时，监测系统可以发送警报，指示人员撤离危险区域并采取进一步的处理措施。

智能感知技术的应用不仅可以提高矿山的安全性，还可以提升安全应急能力。通过实时监测和预警机制，管理人员可以更快速、准确地响应紧急情况。警报系统可以通过声音、光纤、手机通知等方式向工人发出紧急警报，帮助他们及时采取避险措施。此外，监测监控系统还可以提供实时的安全数据和图像，为事故应急响应和决策提供支持，帮助管理人员更好地了解事态发展和采取适当的措施。

大数据分析技术应用于矿山安全管理

大数据分析可以帮助管理人员了解事故发生的规律和原因。通过对历史事故数据的挖掘与分析，可以发现事故发生的模式和重复出现的因素。例如，某一类事故可能与特定的工作环境、设备故障或人员行为相关。通过深入分析这些数据，管理人员可以识别出潜在的危险因素和薄弱环节，并采取相应的改进措施，以减少事故的发生。

大数据分析可以帮助管理人员实时监测矿山的安全状况。通过对实时数据的收集和分析，可以及时捕捉到异常情况和风险信号。例如，通过传感器和监测设备收集的数据可以用于实时监测温度、湿度、气体浓度等参数，发现异常波动或超出安全范围的情况。同时，大数据分析还可以结合其他数据源，如天气数据、设备运行数据等，进行综合分析，提前预警可能的安全风险。

大数据分析为矿山安全管理提供了决策支持。通过对大量数据的整合和分析，可以揭示出一些隐藏的规律和关联性。基于这些分析结果，管理人员可以制定更科学有效的安全策略和规划。例如，通过分析工作流程数据和人员行为数据，可以优化工作流程，减少潜在的事故风险。同时，大数据分析还可以帮助管理人员评估不同安全措施的效果，指导资源的合理配置和优化。

自动化控制技术应用于智慧矿山安全生产

自动化控制技术可以通过实时监控和控制矿山设备来提高安全性。自动化设备配有传感器和监测器，能够连续监测和预警设备的运行状态、温度、振动等参数。一旦发现异常情况，自动化控制系统能够迅速作出反应，包括发出警报、关闭设备或触发紧急停机等。这种实时监控和控制能够帮助防止设备故障和事故的发生，保障工作人员的安全。

自动化控制技术能够提高工作效率和生产质量。自动化设备可以在不需要人工干预的情况下执行特定的任务，如自动运输、自动装卸和自动化仓储等。这样可以减少人力需求，降低人员暴露在危险环境中的时间。同时，自动化控制系统能够确保工艺参数的准确控制，提高生产质量和一致性。这不仅有助于减少人为失误和事故的发生，还可以提高生产效率和产品的竞争力。

自动化控制技术还能够提供远程操作和监控的能力，进一步降低人员暴露在危险环境中的风险。操作员可以通过远程控制台对设备和工艺进行监控和控制，而无须亲自进入危险区域。这种远程操作和监控能够在降低事故风险的同时提高操作的灵活性和便利性。

智慧矿山的安全教育与培训体系创新

智慧矿山的安全教育与培训体系创新是为了适应智慧矿山的发展需求，并提升安全培训的效果。在这个过程中，借助虚拟现实、远程培训和在线学习等技术手段，可以提供全方位的安全教育和培训，加强员工的安全意识和技能。通过分析适应智慧矿山发展的新型安全文化培育机制，可以构建全员参与的安全管理体系，实现持续改进和预防为主的安全文化。

发挥虚拟现实在矿山安全培训中的潜力与优势

虚拟现实技术在矿山安全培训中的应用具有巨大的潜力。通过虚拟现实设备，矿工可以进入一个虚拟的工作环境，模拟各种危险和风险情景，从而提高应对突发事件的能力。例如，矿工可以在虚拟现实环境中进行逃生演练，面对火灾、坍塌等紧急情况，亲身体验到逃生的紧迫感和决策的重要性。这种实践性的培训可以有效地提高员工的应急反应和决策能力，帮助他们在真实场景中更好地保护自己和他人的安全。

虚拟现实还可以模拟复杂的工艺操作和设备维护过程。在矿井建设和生产过程中，存在着各种高风险的工艺操作，如爆破、运输、供电和设备维护等。通过虚拟现实技术，员工可以在安全的虚拟环境中进行模拟操作，熟悉操作流程和技术要领，提高其操作技能和效率。虚拟现实还可以模拟设备故障和紧急情况，帮助员工学习如何快速识别和应对问题，以减少事故的发生概率。这种模拟训练可以让员工在真实操作之前获得充分的经验和信心，从而降低操作错误和事故的风险。

虚拟现实技术不仅可以提供更真实、沉浸式的培训体验，还可以记录和评估员工的表现。通过虚拟现实设备，可以对员工在培训中的行为和反应进行记录和分析，以便评估其培训效果和改进方向。这种数据驱动的培训方法可以帮助企业更好地了解员工的培训需求和潜在风险，从而优化培训内容和方法，实现持续改进。

远程培训与在线学习助力智慧矿山的灵活培训

远程培训和在线学习技术的出现为智慧矿山提供了一种灵活、便捷的培训方式。智慧矿山的工作环境通常是分布式的，员工可能分散在不同的地点，而传统的培训方式往往需要员工集中到一个地点进行培训，这对于分散在不同地方的员工来说可能非常不便。通过远程培训和在线学习平台，智慧矿山可以实现统一的培训内容和标准，员工可以根据自身的时间和地点进行学习，极大地提高了培训的灵活性和便捷性。

这种灵活性不仅可以提高培训的覆盖率，还可以节省大量的时间和成本。传统的培训方式需要组织大规模的集中式培训，涉及员工的交通、食宿等问题，不仅需要投入大量的人力、物力，还可能造成生产中断和效益损失。而远程培训和在线学习技术可以有效地解决这些问题。员工可以根据自己的时间安排进行学习，不再受限于固定的培训时间和地点，可以更好地兼顾工作和学习。同时，远程培训和在线学习还可以大大降低培训成本，不再需要支付员工的差旅费用以及场地租赁费用。

除了灵活性和成本效益外，在线学习还可以为智慧矿山提供更加个性化的学习体验。在线学习平台通常具备互动式教学和评估机制，可以根据员工的学习进度和能力水平提供个性化的学习路径和反馈。这种个性化的学习方式能够更好地满足员工的学习需求，提高学习的效果和动力。员工可以根据自己的学习进度和能力水平进行学习，避免了传统培训中因为学习进度不同而导致的学习效果不一致的问题。

智慧矿山安全文化培育的全员参与和持续改进

  智慧矿山的发展要求新型的安全文化培育机制，以适应其特殊的工作环境和挑战。这种新型机制应该强调全员参与和持续改进，将安全视为每个员工的责任和义务，而不仅仅是管理层的职责。在智慧矿山中，安全文化的培育应该以预防为主，注重风险识别和管理，以减少事故和灾难的发生。

  通过设立安全奖励机制来激励员工积极参与安全工作，包括奖励那些提出有效安全改进措施或在事故中表现出英勇行为的员工。这样的机制可以鼓励员工主动参与安全管理，增强他们的安全意识和责任感。

  开展安全知识竞赛也是培育智慧矿山安全文化的一种方式。这样的竞赛可以测试员工对安全规程和操作的理解程度，促使他们深入学习和掌握安全知识。竞赛还可以提供一个交流和学习的平台，让员工互相分享安全经验和最佳实践。

  组织安全培训是培育智慧矿山安全文化不可或缺的一环。培训应该涵盖学习国家法律法规、行业规程规范和生产技术、安全意识、岗位操作技能和应急处置等方面的内容，以提高员工的安全技能和应对能力。培训可以通过在线学习平台、虚拟现实技术和模拟训练等手段进行，以便灵活地适应员工的需求和工作安排。

  此外，智慧矿山可以建立安全信息共享平台，以促进员工之间的沟通和学习。这个平台可以用于分享安全经验、案例和教训，让员工从彼此的经验中学习，并形成一种良好的安全氛围。安全信息共享平台还可以作为一个集体学习的平台，通过讨论和交流，推动安全意识和行为的不断改进。

法规政策与标准制定在智慧矿山安全中的引导作用

法规政策与标准制定在智慧矿山安全中具有重要的引导作用。政府和相关机构应及时制定和完善适应智慧矿山特性的法规政策和标准，并加强监管和执法力度，促进矿山安全的持续改善和创新发展。这将为智慧矿山的安全提供有力的法律保障和规范指导。

法规政策与标准制定应考虑多种因素

在制定智慧矿山的法规政策和标准时，政府和相关机构应对智慧矿山的设备进行全面的风险评估。智慧矿山使用的设备通常涉及高压、高温、高速等复杂工况，对设备的运行状态和安全性要求较高。通过风险评估，可以识别出设备可能存在的安全隐患和风险，为制定相应的安全要求和措施提供依据。

智慧矿山的网络和数据安全也需要得到重视。智慧矿山中涉及大量的数据采集、传输和处理，这些数据包含着矿山的关键信息。政府和相关机构应对智慧矿山的网络进行安全评估，确保网络的稳定性和安全性。同时，应制定相应的数据安全管理措施，保护矿山的数据免受未经授权的访问和窃取。

此外，智慧矿山的人员安全也是一个重要的方面。智慧矿山的工作人员需要具备相关的技术和安全知识，熟悉设备的操作和维护，以及应对突发情况的能力。政府和相关机构可以制定培训要求和认证机制，确保智慧矿山的工作人员具备必要的技能和知识。同时，还应加强对人员安全的监管，确保他们的工作环境和劳动条件符合相关的安全标准和要求。

政府监管与合作，确保智慧矿山安全

政府和相关机构在智慧矿山安全方面的监管和执法角色至关重要。他们可以与行业协会以及企业合作，共同制定方法和推广最佳实践经验，建立安全管理的基准和指南。通过合作与合规的方式，政府可以与行业一同努力，确保智慧矿山的工作环境和操作达到最高标准。

与行业协会的合作可以促进信息共享和经验交流。政府机构可以与行业协会合作，共同制定安全管理的基准和指南，推广先进的安全技术和工作方法。通过行业协会的支持，政府可以更好地了解智慧矿山的最新发展和安全需求，及时调整和更新相关法规政策和标准。

此外，与企业的合作也是关键。政府机构需要与智慧矿山企业建立有效的沟通渠道，了解他们的实际情况和需求。通过合作，政府可以提供专业的指导和支持，帮助企业建立健全安全管理体系，培训和认证工作人员，确保他们具备必要的技能和知识。政府还可以通过监督和检查，及时发现和纠正安全隐患，确保智慧矿山的安全运营。

加强监督和检查是确保智慧矿山安全的重要手段。政府机构应加大对智慧矿山的监督力度，建立监督机制和检查体系，定期进行安全检查和评估。通过定期的检查，政府可以及时发现和纠正安全隐患，指导企业改进安全管理措施。同时，政府还可以对违反安全规定的企业进行执法行动，严惩违法行为，维护智慧矿山安全的整体水平。

后 记

本书为读者展示了智慧矿山在煤炭行业中的巨大潜力和重要作用。智慧矿山不仅可以提高生产效率和资源利用率，还可以保障矿工的安全，降低成本，实现绿色生产，推动技术创新和产业协同发展。书中详细介绍了智慧矿山的基本概念和原理，说明了智慧矿山的各项技术和应用，以及智慧矿山对煤炭行业的积极影响。通过案例分析和实证研究，向读者展示了智慧矿山在实际应用中取得的显著成果和效益。

然而，智慧矿山的发展并非一帆风顺。在实践中，矿山企业面临着各种挑战和困难。比如，技术的推广和应用需要克服技术壁垒和管理障碍；安全保障需要持续的投入和完善的制度；可持续发展需要平衡经济、社会和环境的利益……因此，智慧矿山的发展需要政府、企业、相关利益者以及研究机构的共同努力和合作。

随着科技的不断进步和创新，智慧矿山将不断演进和完善，为煤炭行业的转型升级和可持续发展提供新的机遇和动力。期待着智慧矿山在未来的发展中取得更大的成就，为我们的社会和经济发展作出更大的贡献。

最后，我要感谢读者选择阅读本书。希望这本书能够为读者提供有价值的信息和启发，让读者对智慧矿山有更深入的了解。如果您对智慧矿山或者本书有任何疑问或建议，欢迎与我交流。谢谢！

参考资料

[1] 韩坚，唐林. 推进新质生产力发展"三问"[N]. 苏州日报，2023-09-26.

[2] 张翔. 拥抱"数字化"，煤炭企业转型的机遇与选择[N]. 中国煤炭报，2021-11-05.

[3] 高煜. 新质生产力：实体经济高质量发展新方向[N]. 中国社会科学报，2024-1-02.

[4] 谢加书，王宇星. 准确把握新质生产力的科学内涵和基本特征[N]. 南方日报，2023-10-09.

[5] 元年科技·信息化、数字化、智能化三者是同一概念么？[EB/OL]. 天津汇柏科技有限公司官方账号，2023-12-08.

[6] 李振东，陈劲，王伟楠. 国家数字化发展战略路径、理论框架与逻辑探析[J]. 科研管理，2023（7）.

[7] 王国法，庞义辉，任怀伟等. 矿山智能化建设的挑战与思考[J]. 智能矿山，2022，3（10）：2-15.

[8] 中国煤炭工业协会信息化分会，煤炭工业规划设计研究院有限公司. 煤炭企业数字化转型发展研究报告（2023）[M]. 应急管理出版社，2023.

[9] 其他资料来源：百度、搜狗、腾讯、新浪、红商网、雨果网、钛媒体、虎嗅网等的最新资讯.